部件自由组合，皮夹款式超过300种！

手工长皮夹全书

日本高桥创新出版工房◎编著

日本皮艺社（Craft社）◎审订

胡　环◎译

北京科学技术出版社

亲手制作心仪的长皮夹

　　长皮夹种类繁多，款式层出不穷，从中选出自己最中意的一款并非易事。本书将长皮夹的部件拆分成4种，详细解析了每种部件中堪称经典的款式。你只需参考本书，选择自己喜欢的部件，将它们组合起来，便能制作出属于自己的独一无二的长皮夹！长皮夹部件的组合方式达300多种，一定能给你带来亲手制作皮具的乐趣和成就感！

目 录

制作篇

本书图片摄影:小峰秀世 / 佐佐木智雅 / 坂本贵氏

制作长皮夹的5个步骤

制作一款长皮夹大致需要5步，即制作主体、零钱袋、卡位、纸钞位及最后组合。这里分别对每个部件的经典款进行了简要介绍。大家可以根据自己的喜好自由选择，再到相应的页面查看制作方法。

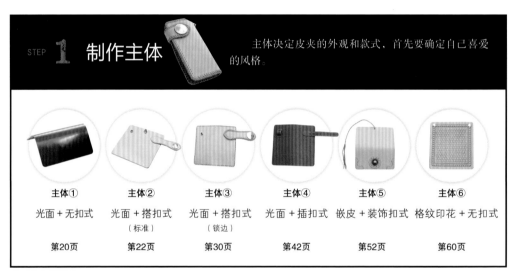

STEP **1** 制作主体

主体决定皮夹的外观和款式，首先要确定自己喜爱的风格。

主体①	主体②	主体③	主体④	主体⑤	主体⑥
光面＋无扣式	光面＋搭扣式（标准）	光面＋搭扣式（锁边）	光面＋插扣式	嵌皮＋装饰扣式	格纹印花＋无扣式
第20页	第22页	第30页	第42页	第52页	第60页

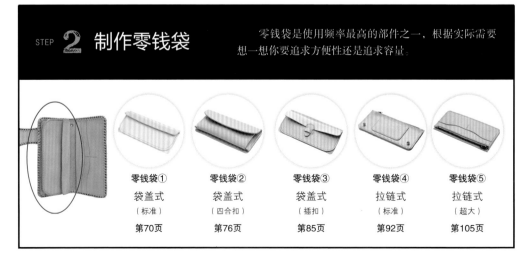

STEP **2** 制作零钱袋

零钱袋是使用频率最高的部件之一，根据实际需要想一想你要追求方便性还是追求容量。

零钱袋①	零钱袋②	零钱袋③	零钱袋④	零钱袋⑤
袋盖式（标准）	袋盖式（四合扣）	袋盖式（插扣）	拉链式（标准）	拉链式（超大）
第70页	第76页	第85页	第92页	第105页

STEP 3 制作卡位

皮夹的一个重要功能就是存放日常生活中不可或缺的各种卡片，你可以随意选择卡位的数量及开口方向。

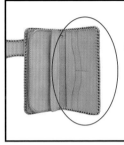

卡位①

4卡位式

第120页

卡位②

6卡位式

第124页

卡位③

纵向5卡位式

第130页

卡位④

纵向2裂缝式

第136页

STEP 4 制作纸钞位

在零钱袋和主体之间，纸钞位通常是在零钱袋和主体之间加装侧片形成的利用侧片形成纸钞位。如果算上不加装侧片的款式，纸钞位共有4款。

纸钞位①

超薄式

第140页

纸钞位②

标准式

第143页

纸钞位③

超大容量式

第147页

STEP 5 组合

组合时，既要考虑功能，又要考虑风格统一和美观。这里分别用第一步中介绍的5种主体和其他部件进行了组合。注意，要根据选取的部件，选择合适的缝线（聚酯线或皮线）及缝合方法（分段缝合或整体缝合）。

组合①

光面皮夹（主体①）

※使用聚酯线，
双线分段缝合

第152页

组合②

插扣皮夹（主体④）

※使用聚酯线，
单线整体缝合

第160页

组合③

搭扣锁边皮夹（主体③）

※使用皮线，
用双缠法整体缝合

第170页

组合④

机车风格皮夹（主体⑥）

※使用聚酯线，
只缝合零钱袋一侧

第182页

组合⑤

装饰扣皮夹（主体⑤）

※使用聚酯线，
双线分段缝合

第192页

长皮夹制作实例

长皮夹的基本制作技巧

　　本部分将为大家介绍长皮夹的基本制作技巧。制作长皮夹大致分为如下 8 个步骤：① 画线，即依照纸型在皮革上画出各部件的轮廓；② 裁切，即根据画好的轮廓线裁切各部件；③ 处理肉面，即对皮革毛糙的背面进行打磨；④ 处理皮边，即对皮革的裁切面进行打磨、抛光；⑤ 黏合，即用皮革专用黏合剂把部件粘起来；⑥ 打出缝孔，即使用菱錾等工具打出缝孔；⑦ 缝合，即用皮革专用缝线将各部件缝起来；⑧ 修整皮边，即在缝合后对皮边进行最终的修整。此外，本部分还将介绍皮夹上常见的五金配件的安装方法。

画线

　　即依照纸型在皮革表面画出各部件的轮廓。画线时，要将纸型覆盖在皮革表面，用圆锥画出各部件的轮廓，或者依照纸型上标注的基准点及五金配件的位置，在皮革表面扎出痕迹。

圆锥
圆锥不仅可以画出各部件的轮廓，在其他制作阶段还可以标注印记、对准基准点钻孔等。

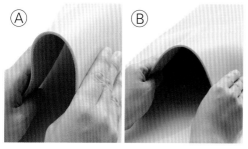

01 为了给皮夹各部件选取合适的皮革，首先要确认皮革纤维的走向。图 A 中的皮革易弯折，说明它富有延展性；图 B 中的皮革不易弯折，说明它不易变形。大家一定要在确认皮革的纤维走向后，根据各部件的功用和自己的需要选择合适的皮革。

02 用圆锥在皮革表面画出部件的轮廓。

画线时，若圆锥过于竖直，容易划伤皮革表面，难以画出流畅、平滑的线条，所以一定要稍微倾斜着画。

警告

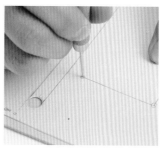

03
用圆锥对准纸型上的缝合基准点，在皮革表面扎出痕迹。

裁切

即沿着皮革表面的轮廓线裁切出各部件。裁切工具有美工刀、裁皮刀、替刃式裁皮刀等，本书中主要使用的是替刃式裁皮刀。裁切时，要在皮革下面垫上塑胶板等。

替刃式裁皮刀
裁切皮革的工具。当刀片变钝时，可以用新的锋利刀片替换。

塑胶板
裁切时垫在皮革下面的板子。垫上塑胶板后，刀刃可以无所顾忌地切开皮革，从而使裁切面更整齐、更平滑。

01　这是替刃式裁皮刀的正确握法。因为它是单面开刃的，所以刀柄应该稍稍向外倾斜，这样刀刃才能与皮革垂直，裁切面才能保持垂直。

02　裁直线时，要注意刀刃与皮革的夹角大小。可以稍稍扩大刀刃与皮革的接触面（即减小夹角度数），这样才能裁切得笔直、平整。

03　裁切到末端时，将刀刃尽量往下压。

04　裁曲线时，要尽量抬起刀刃后端，仅使用刃尖。你还可以保持裁皮刀不动，移动皮革来进行裁切。

处理肉面

皮革粗糙的背面称为肉面或床面，不做任何处理直接使用的话，时间长了皮革纤维会松散、起毛。因此，当皮革肉面不贴衬布或衬皮时，通常要用床面处理剂进行处理。涂抹床面处理剂时要小心，不要沾染到皮革正面。

床面处理剂
这是最常用的一款，可以在打磨前涂在皮革的肉面和皮边上。

万能打磨器
这是一款多功能打磨器，主要用于打磨皮革的肉面和边缘，也可以用来画线、按压粘贴面、按压缝线针脚等。

玻璃板
这是一款有4个圆角的皮革专用打磨板，常用于打磨面积较大的肉面。

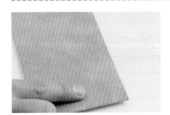

01　取适量床面处理剂，用手指均匀涂满皮革肉面。

02　在床面处理剂变干前，用万能打磨器的长柄打磨整个肉面，直至打磨出光泽。

03　面积比较大的肉面最适合用玻璃板打磨，这样效率更高、效果更好。

处理皮边

皮革的裁切面称为皮边，制作各部件之前要对皮边进行修边和打磨。厚度在 1.6mm 以上的皮边，先用削边器倒角，再用打磨砂条修整；厚度在 1.6mm 以下的皮边，直接用打磨砂条修整即可。

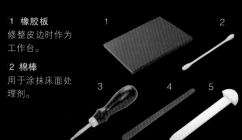

1 橡胶板
修整皮边时作为工作台。

2 棉棒
用于涂抹床面处理剂。

3 削边器
可以给较厚的皮边削边或倒角。

4 打磨砂条
用于锉平不平整的皮边或给皮边整形。

5 万能打磨器
用于对皮边进行打磨、抛光。

01 用削边器把皮革粒面的棱角削去。1号刀口约0.8mm 宽，2号刀口约1mm 宽，要根据皮革的厚度使用相应型号的削边器。

02 削去皮革背面的棱角。

03 用打磨砂条打磨皮边，使其更光滑、平整。

04 用棉棒将床面处理剂涂抹在皮边上，注意不要沾染皮革粒面。

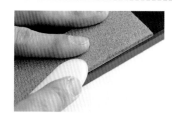

05 用万能打磨器的长柄倾斜着打磨皮革肉面的皮边，再打磨皮革粒面的皮边。

06 最后用万能打磨器半圆打磨头上的沟槽打磨皮边，要根据皮革的厚度选择合适的沟槽。

小贴士

掌握一定的技巧后，也可以用帆布修整皮边。将皮革放在橡胶板上，使皮革边缘略突出于橡胶板边缘，用帆布细细打磨。

小贴士

磨边棒是一种木质打磨工具，使用方法与万能打磨器相同，但更便于用力，打磨起来让人更轻松。

07 这是打磨好的皮边，看起来光滑、平整和富有光泽。

黏合

缝合之前，要用黏合剂将各部件粘起来。本书使用的黏合剂主要有醋酸乙烯类的白胶和合成胶类的万能胶两种。通常，白胶用于皮革之间的黏合，万能胶用于皮革和其他材料的黏合。

白胶
这是制作手工皮具时最基本、最常用的黏合剂。将白胶均匀涂抹在粘贴区域，在白胶变干之前进行粘贴。

万能胶
将万能胶均匀涂抹在粘贴区域，待半干时（此时黏性最强）进行粘贴。

上胶片
用于快速、均匀地涂抹黏合剂。

打磨砂条
可以将粘贴区域磨毛糙，也可以修整粘好的皮边。

01 将要粘贴的两块皮革重叠放好，用圆锥标记要涂抹黏合剂的粘贴区域。

02 按照上一步的标记，用打磨砂条将距离皮边约3mm的粘贴区域磨毛糙。

03 将另一块皮革的粘贴区域也磨毛糙，均匀地涂上一层黏合剂（这里粘贴的是两块皮革，所以使用白胶）。

04 对齐粘贴区域，进行粘贴。注意，万一没有对齐，使用白胶的话可以撕开皮革重新粘贴，但使用万能胶的话不可以。

05 用万能打磨器的长柄按压粘贴区域，然后静置，待白胶变干。

06 用打磨砂条将皮革粒面的粘贴区域也磨毛糙。

07 在粘贴区域涂抹黏合剂，从一端开始小心地粘贴。如果皮革粒面的粘贴区域没有磨毛糙就直接粘贴，就不容易粘牢，时间久了皮革可能开裂。

08 最后用打磨砂条将粘好的皮边打磨平整，消除两层皮革间的高度差。

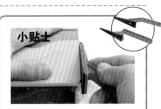

小贴士

如果粘贴好的皮边参差不齐、高度差比较明显，可以用三角研磨器打磨，其效果优于打磨砂条。

打出缝孔

为了便于缝合，通常要提前打出缝孔，一般使用菱錾打孔。菱錾有多种规格，其齿距大小不一，会带来不同的视觉效果。推荐使用齿距为 2 ~ 2.5mm 的菱錾。缝合基准点的缝孔通常用圆锥打出。

① **万能打磨器**
可以用它的半圆打磨头压出缝合基准线。

② **间距规**
用于画出缝合基准线。

③ **多功能挖槽器**
用于在较厚的皮革上挖出缝合基准线的线槽。

④ **菱錾**
用于打出缝孔。

⑤ **圆锥**
用于对准缝合基准点钻孔。

⑥ **橡胶板**
打缝孔时的工作台。

⑦ **毛毡**
打缝孔时垫在皮革下面，可以消音。

⑧ **木锤**
用于敲击菱錾。

画出缝合基准线

01 万能打磨器的半圆打磨头也可当作压边器，用间距为 3mm 的沟槽压出缝合基准线。注意，皮革的正反面都要压出缝合基准线。

02 若皮革厚度在 1.6mm 以上，要用多功能挖槽器挖出缝线的线槽。挖槽器的间距要设为 3mm。

03 挖线槽时挖槽器要保持一定的倾斜角度。

打出缝孔

01 缝合时的"起点""终点""转角处的交点""皮革重叠处与缝合基准线的交点"等称为基准点。基准点的缝孔要用圆锥打出。

02 打出缝孔时，要让菱錾垂直于皮革，然后用木锤直上直下地敲击菱錾。

03 当两个基准点离得很近时，为了保持针脚大小一致，要先尝试压出缝孔印记，将间距调整均匀再正式打孔。

04 用 1 齿或 2 齿菱錾打出缝孔。

05 直线缝合距离较长时，常用 4 齿菱錾打孔。

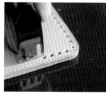

06 打下一组缝孔时，把 4 齿菱錾的第一根齿插入上一组的最后一个缝孔中。

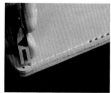

07 当离下一个缝合基准点还有约 10 个缝孔的距离时，先压出印记，将间距调整均匀再打孔。

08 转角处常使用 2 齿或 1 齿菱錾打缝孔。

缝合

　　打孔完毕后，接着要进行缝合。制作手工皮具最常用的缝合方法是平缝法，即让缝线交替穿过皮革的正面和背面。如果使用麻线，就要先给线上蜡。缝线的长度约为缝合距离的4倍，但是如果缝合的是多层皮革，那么缝线要相应地延长。

手缝针
缝合皮革的专用针。图中所示是最常用的圆头细针。

麻线
为了让麻线更结实而且不起毛，要先上蜡再使用。

线蜡
用于给麻线上蜡，防止麻线起毛。

小号手缝木夹
这是辅助缝合的手缝木夹中最小的一款。

穿针

01 准备一根长度为缝合距离4倍的缝线，但若所缝皮革较厚，要相应地延长缝线的长度。

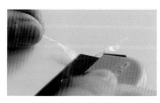

02 缝线两端各多留出约5cm长的线头，使用替刃式裁皮刀等刀具斜着削一下线头，让它变细，这样它更容易穿过针眼。

03 将缝线按在线蜡上来回拉几下，这就是上蜡。

04 将缝线竖起来拿好，若10cm左右的缝线能保持竖直，就可以停止上蜡。

05 将缝线穿过针眼，拉出约10cm长的线头。

06 如图所示，将缝针两次刺入拉出的线头中。

07 将穿在针上的线头往针眼方向拉，直到越过针眼，然后拉紧缝线长的一端，线头就被固定住了。

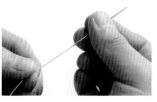

08 将线头和另一端较长的缝线捻成一股。

09 按同样的方法将另一根缝针穿在缝线的另一端，就可以进行缝合了。

平缝法

01 用麻线缝合时，头两针通常要用回缝法。先将一根缝针穿入第三个缝孔（从远离身体的那一端开始数）中。

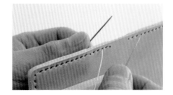

02 再将位于皮革两侧的缝线拉至等长。

03 将皮革肉面朝左、粒面朝右固定在手缝木夹上。一般从肉面穿针，所以先将左侧的针插入第二个缝孔中。

04 左侧的针穿过来后，将右侧的针叠放在它下面，使两根针呈十字交叉状。保持该姿势拉紧缝线。

05 再将右侧的针插入第二个缝孔，即左侧的针刚才穿过的那个缝孔。拉出右侧的针并拉紧缝线。

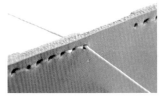

06 按照同样的方法，将左右两侧的缝针交替穿过第一个缝孔。拉缝线的力度要一致，这样针脚才能美观、匀称。

07 回头将两根针依次交替穿过第二个缝孔及后面的缝孔，朝着身体的方向缝合。

08 回缝的地方，即头两个针脚都有两道缝线穿过。为了美观和结实，不要让两道缝线重叠，而要让它们并排。

09 缝好最后一个缝孔后，依然要回缝两针。如图，最终两根缝针分别位于皮革两侧。

10 尽量贴着针脚剪断缝线。

11 这是剪断缝线的样子。最好在线头上抹少许白胶进行固定，以免日后缝线松脱。

12 最后用木锤轻轻敲打针脚，使其更加平整和匀称。

使用聚酯线时的缝合方法

如果使用手缝蜡线或人造牛筋线等聚酯类的缝线，起针和处理线头的方法都与使用麻线时有所不同，因此一定要认真阅读以下内容。

手缝蜡线
由聚酯纤维捻合而成，已上蜡。

打火机
用于烧熔、固定线头。

01 使用聚酯线时，头三针要用回缝法。

02 缝好最后一个缝孔后回缝两针，皮革粒面一侧的缝针继续向前缝一针，这样两根线同时位于皮革肉面。剪断缝线，留下约2mm长的线头。

03 使用打火机烧熔线头。

04 用打火机的顶部快速压扁烧成一团的线头。

05 这是线头被烧熔、压扁的样子。

修整皮边

缝合后还要对皮边做最后的修整，这样缝合工作才算最终完成。因为修整在很大程度上决定了成品的品相，所以一定要仔细、认真地完成这一工序。皮边修整的基本步骤与第10页介绍的"处理皮边"相同，大家可以使用顺手的打磨工具，尽力将皮边修整得整齐、美观。

01 使用削边器对缝合后的皮边进行倒角处理。注意，皮革两面的棱角都要削去。

02 用打磨砂条将缝合后的皮边打磨平整。

03 进一步用打磨砂条将皮边修整得更美观。

04 用棉棒将床面处理剂涂抹在皮边上，注意不要沾染皮革粒面。

05 用万能打磨器的长柄或帆布等打磨工具仔细打磨皮边。

06 这是修整后的皮边，重叠缝合的皮革不再界限分明。

安装五金配件

制作皮具时，经常要用到各种各样的五金配件，接下来我们就介绍牛仔扣和四合扣的安装方法。基本流程是先打出安装孔，再用配套的工具进行安装。

基本工具
橡胶板、木锤、万用底座、圆冲等是必备的安装工具。

牛仔扣的安装

表扣　底扣　扣帽　里扣

01 牛仔扣由表扣、里扣、底扣和扣帽组成，安装时要使用专用模具。

02 先安装公扣，公扣包括底扣和扣帽，两者是配套的。选择与底扣扣脚大小相配的圆冲（大号扣脚使用直径 3.6mm 的 12 号圆冲，中号扣脚使用直径 3mm 的 10 号圆冲）。

03 确认底扣的安装位置，用圆冲打出安装孔。

2～3mm

04 将底扣的扣脚从肉面插入安装孔，扣脚露出 2～3mm 为宜。

05 将扣帽套在底扣的扣脚上。

06 将皮革放在万用底座平的一面上，使扣帽在上、底扣在下。

07 将型号配套的牛仔扣专用安装模具垂直放在扣脚上，用木锤敲打。冲力会使扣脚变形外张，从而牢牢地固定住扣帽。

08 接着安装母扣，母扣包括表扣和里扣。用与表扣扣脚大小相配的圆冲打出安装孔，从皮革粒面插入表扣的扣脚。再套上里扣，使表扣的扣脚露出约 1mm。

09 将表扣扣脚朝上放在万用底座上型号相配的凹槽中，把牛仔扣专用安装模具垂直放在扣脚上，用木锤敲打。

10 扣脚在冲力下变形外张，固定住里扣。装好后，转动表扣和里扣，如果能够转动，说明铆接工作不到位，要继续敲打扣脚几次，直至二者牢牢铆合。

四合扣的安装

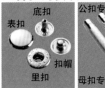

表扣
底扣
扣帽
里扣
公扣专用安装模具
母扣专用安装模具

01 四合扣也有配套的专用安装模具，顶端凸起的适用于母扣，顶端凹陷的适用于公扣。

内用型表扣

02 母扣的表扣若隐藏在皮层中，一般不使用富有色泽、光滑细腻的外用型表扣，而是使用顶面较平的内用型表扣。

03 先安装公扣。选择与底扣的扣脚大小相配的圆冲（大号扣脚使用 10 号圆冲，中号扣脚使用直径 2.4mm 的 8 号圆冲）。

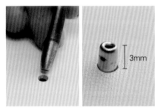

3mm

04 用圆冲在相应位置打出安装孔。将底扣的扣脚从肉面插入安装孔，扣脚必须露出 3mm 左右。

05 将扣帽套在底扣露出来的扣脚上。

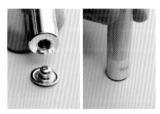

06 将皮革放在万用底座平的一面上，使扣帽在上、底扣在下。将配套的四合扣专用安装模具垂直放在扣帽上，用木锤敲打。

07 安装完成后，用手转动一下，确认两者是否牢牢地铆合。

08 接着安装母扣。先用与里扣扣脚大小相配的圆冲（大号扣脚使用直径 5.5mm 的 18 号圆冲，中号和小号扣脚使用直径 4.5mm 的 15 号圆冲）打出安装孔。

09 将里扣的扣脚从肉面插入皮革，然后从粒面插入表扣，使表扣套在里扣的扣脚上。

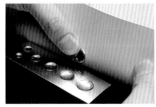

10 将母扣放在万用底座上型号相配的凹槽中。

11 把母扣专用安装模具的顶端凸起垂直对准母扣的扣眼，用木锤敲打。

12 安装完成后，用手转动一下，确认两者是否牢牢地铆合。

制作篇

认真构思再着手制作

接下来，我们将带领大家学习制作皮夹的各部件。

首先，重新阅读前面章节的相关介绍，把握各部件的特点，确定自己想要的款式。然后分别制作各部件，最后组合成理想的成品。

最重要的是要仔细考虑选取什么式样的部件及如何组合各部件。尤其要考虑零钱袋和卡位是安装在皮夹左侧还是右侧，因为它们的位置对皮夹的手感和实用性有很大影响。要深思熟虑，认真构思，脑海中有了皮夹的整体形象再动手。

STEP1
制作主体

主体决定了皮夹的外观（是光面的、嵌皮的还是有格纹印花的）和款式（是无扣的还是有搭扣、插扣或装饰扣的）。因此，首先要确定主体的式样，再进一步考虑其他部件如何与之搭配。其他部件制作完成后才缝合在主体上，这个阶段我们只学习制作主体。

 20　**主体①：光面 + 无扣式**

 22　**主体②：光面 + 搭扣式（标准）**

 30　**主体③：光面 + 搭扣式（锁边）**

 42　**主体④：光面 + 插扣式**

 52　**主体⑤：嵌皮 + 装饰扣式**

 60　**主体⑥：格纹印花 + 无扣式**

STEP1
主体①

光面 + 无扣式

基本款主体

　　这是最简单的一款主体。裁一块皮革，将肉面打磨和修整一下即可。不过，这里要教大家的是如何在主体表皮的肉面上再贴一块里皮。粘贴里皮的关键在于要将两层皮革折起近90°再粘贴。如果平着粘贴，皮夹主体将很难合上，或者合上后里皮会出现很大的褶皱；如果粘贴里皮时过分折起皮革，打开皮夹时表皮也会起皱。此外，若主体和里皮使用的皮革颜色不同，视觉效果也不同。这些都是制作时需要注意的问题。

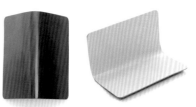

因为使用了折起后粘贴的方法，所以主体能够保持近乎90°折起的状态。

工具
• 塑胶板
• 白胶
• 上胶片
• 替刃式裁皮刀
• 玻璃板
• 清水 / 喷雾器

原料

主体表皮	主体里皮

一般来讲，主体表皮和里皮分别使用1.5mm和1mm厚的皮革为宜。本款主体的表皮使用的是马臀皮，里皮使用的是植鞣牛皮。

▼ 粘贴里皮

　　粘贴里皮看似简单，但是要用到上文提及的折起后粘贴的方法。此外，白胶一旦变干就会失去黏性，要想仔细、缓慢地粘贴，可以在皮革的肉面喷少许清水以延缓白胶变干的速度。

小贴士

若粘贴面积较大，可以在皮革肉面喷少许清水以延缓白胶变干的速度。

01

用上胶片在主体表皮以及里皮的肉面均匀地涂满白胶，对齐边缘，先粘贴一半。

02

把表皮和里皮折起近90°，再将另一半缓慢、小心地粘在一起。

03

粘好后，用玻璃板从中间向边缘刮，挤出两层皮革之间的气泡。

04

最后裁去多余的里皮。因为采用了折起后粘贴的方法，所以将主体放在桌子边缘更容易裁切。

小贴士

裁切弯折处的里皮时，可以将替刃式裁皮刀放平，让刀刃贴着皮边前行。

05

这是粘贴完成的样子。待粘上零钱袋或卡位再一并缝合。

主体①

零钱袋

卡位

纸钞位

组合

光面 + 搭扣式

（标准）

风格粗犷的装饰扣扣带

　　这款搭扣式皮夹主体的宽大扣带安装了装饰扣，给人一种粗犷的美感。搭扣使用了牛仔扣，闭合安全，绝对不会让皮夹无意中打开。下面将向大家介绍这款搭扣式皮夹主体的制作方法，包括如何手工缝制扣带以及安装装饰扣。（装饰扣既有可以与牛仔扣搭配使用的，也有因螺栓太大而难以与牛仔扣搭配使用的。本款使用的是不能与牛仔扣搭配使用的装饰扣，能与牛仔扣搭配使用的装饰扣的安装方法参见第 38 页。）

工具	
• 圆冲（10号、12号、15号）	• 替刃式裁皮刀
	• 菱錾
• 万用底座	• 塑胶板
• 圆锥	• 木锤
• 削边器	• 上胶片
• 白胶	• 多功能挖槽器
• 帆布	• 剪刀
• 一字螺丝刀	• 缝线 / 手缝针 / 线蜡
• 床面处理剂	• 橡胶板
• 万能打磨器	• 手缝木夹
• 玻璃板	• 牛仔扣专用安装模具
• 打磨砂条	• 棉棒

原料

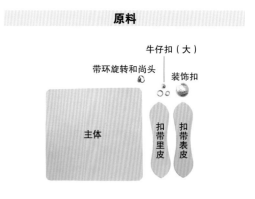

牛仔扣（大）

带环旋转和尚头　　装饰扣

主体　　扣带里皮　扣带表皮

　　主体、扣带表皮和扣带里皮分别使用 3mm、2mm 和 1mm 厚的皮革。装饰扣使用不能与牛仔扣组合的。

▼ 制作扣带

扣带表皮和里皮分别使用 2mm 和 1mm 厚的皮革，一定要根据皮革的厚度选择合适的五金配件。装饰扣用螺栓固定在扣带表皮上，扣带里皮上安装的是牛仔扣的扣帽与底扣。在这个阶段，只缝合必要的部分，其余部分留待以后与主体一起缝合。

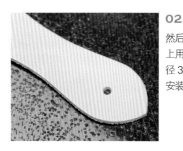

02

然后，在扣带里皮上用 12 号圆冲（直径 3.6mm）打出安装孔。

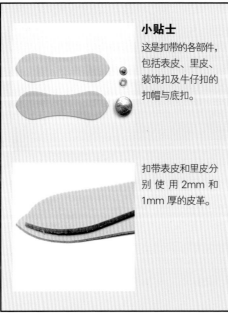

小贴士

这是扣带的各部件，包括表皮、里皮、装饰扣及牛仔扣的扣帽与底扣。

03

这是扣带表皮和里皮分别打好装饰扣安装孔和牛仔扣安装孔的样子。

扣带表皮和里皮分别使用 2mm 和 1mm 厚的皮革。

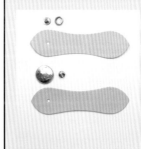

小贴士

装饰扣要安装在扣带表皮上，牛仔扣的公扣要安装在里皮上。

小贴士

扣带里皮上安装的是牛仔扣的公扣。

底扣

扣帽

04

将装饰扣从扣带表皮的粒面插入安装孔中。

01

将纸型覆盖在扣带表皮和里皮上，用圆锥分别标记出安装孔的位置。在扣带表皮上用 15 号圆冲（直径 4.5mm）打出安装孔。

小贴士

为了防止松动，可以在装饰扣的螺纹上涂抹少许白胶。

主体②

零钱袋

卡位

纸钞位

组合

05

从扣带表皮的肉面安装螺栓，用螺丝刀拧紧。

06

从扣带里皮的肉面将底扣插入安装孔。

07

把扣帽套在底扣的扣脚上，然后用牛仔扣专用安装模具铆合。

小贴士

这是装饰扣和牛仔扣安装好的样子，务必再次确认安装位置是否正确。

08

在扣带表皮和里皮的肉面涂抹白胶。

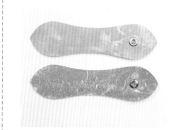

09

这是扣带表皮和里皮的肉面都涂了白胶的样子。

10

对齐边缘，然后将扣带表皮和里皮粘在一起。

11

用手指按压粘贴区域，使其紧密贴合。

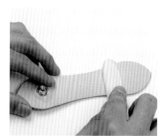

12

用万能打磨器的长柄用力按压粘贴区域，使其粘得更牢。

13

用打磨砂条仔细地打磨皮边。

14

这是扣带表皮和里皮粘好的样子。

小贴士

用多功能挖槽器在扣带正面距离皮边3mm处挖出缝合基准线的线槽。

18

调整缝孔的间距，用4齿菱錾打孔，曲线部分改用2齿菱錾打孔。

15

这是挖好线槽的样子。看清图中的红色标示，扣带两侧的两个基准点之间不用挖线槽。

不挖线槽

不挖线槽

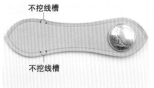

19

打孔至扣带两侧的基准点即可，其余部分留待扣带与主体黏合再打孔。图中红点指示的是用圆锥钻的圆孔。

圆孔

圆孔　　　　圆孔

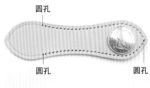

16

用圆锥对准装饰扣一端的顶点和其他4个基准点钻孔。

17

用圆锥刺穿皮革，使孔扩大。

20

头两针用回缝法缝合。用木锤轻轻敲打缝线，使缝线贴在线槽中，以使针脚匀称、美观。

主体②

零钱袋

卡位

纸钞位

组合

21

装饰扣周边的缝线不要用木锤敲打，而要用万能打磨器的长柄按压，以免误伤装饰扣。

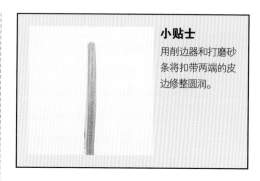

小贴士

用削边器和打磨砂条将扣带两端的皮边修整圆润。

22

这是缝合完毕的样子。接下来要修整皮边。

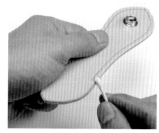

25

修整后，在皮边上涂抹床面处理剂。

26

用帆布细细打磨、抛光。

23

先用削边器削边，然后用打磨砂条将扣带两端的皮边修整圆润。

24

没有缝合的皮边也要修整，因为扣带一旦缝到主体上就无法再进行修整了。

27

这样，扣带就制作完成了。放在一边，等待缝到主体上。

▼ 安装扣带和主体上的配件

这个阶段需要做的工作如下：处理主体皮革的肉面，粘贴并缝合扣带，安装牛仔扣的母扣，还可以根据自己的喜好加装带环旋转和尚头。纸型上标明了扣带的安装位置，对照着纸型粘贴、缝合即可。

01

在主体皮革的肉面均匀涂抹床面处理剂。若主体内侧要贴里皮，方法参见第21页。

02

用玻璃板或者万能打磨器的长柄打磨肉面。

03

这是肉面打磨完成的样子。

04

将扣带背面没有缝合的部分用打磨砂条磨毛糙。

05

在磨毛糙的部位抹上白胶。

06

按照纸型上标明的位置，将扣带粘在主体上。

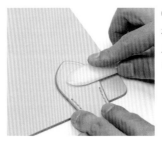

07

确认粘贴位置无误后，用万能打磨器的长柄按压紧实。

08

用圆锥对准扣带上的基准点在主体上钻孔。

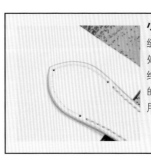

小贴士

缝合基准点有三处，即缝合的起点、终点以及扣带一端的顶点。这三处要用圆锥钻出圆孔。

09

在基准点之间的线槽中，边调整间距边用2齿菱錾打出缝孔。

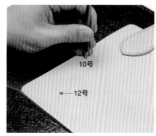

14

用12号圆冲打出牛仔扣母扣的安装孔。如果要加装旋转和尚头，就用10号圆冲（直径3mm）打出安装孔。

10

开始缝合。

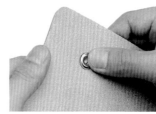

15

从肉面将表扣的扣脚插入安装孔。

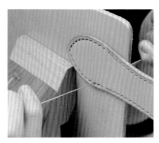

11

缝到最后要回缝两针，这时，缝针要在皮革两侧。

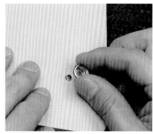

16

从粒面套上里扣。

12

剪断线头，用木锤轻轻敲打针脚，使其匀称、美观。

17

用牛仔扣专用安装模具铆合。

13

这是扣带缝在主体上的样子。

小贴士：安装带环旋转和尚头

这里顺便为大家介绍一下如何安装旋转和尚头。实际上在这个阶段应该只打出安装孔，待各部件组装完成、进行最后修饰时才安装，因为如果先安装旋转和尚头，会影响零钱袋和卡位的组装。

 从肉面将螺栓插入安装孔。

 为了防止松动，可以在螺纹上涂抹少许白胶。

 把旋转和尚头拧在螺栓上。

 用螺丝刀拧紧。

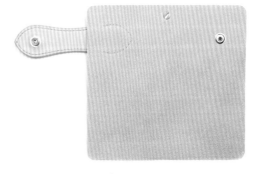

18 至此，搭扣式皮夹的主体就制作完成了。

STEP1
主体③

光面 + 搭扣式

（锁边）

装饰效果突出的锁边式扣带

制作这款皮夹主体时，要先用皮线给扣带锁边，再将扣带缝到主体上。皮线的缝合法有很多种，如平缝法、平绕法、单缠法、双缠法等，不同的针法带来多变的装饰效果，这里给大家讲解经典的双缠法。这里使用的是能够与牛仔扣搭配使用的装饰扣，不能与牛仔扣搭配使用的装饰扣的安装方法参见第 23 页。

工具	
● 圆锥	● 帆布
● 圆冲 (7 号、10 号、12 号、50 号)	● 木锤
	● 手缝针 / 缝线 / 线蜡
● 万能打磨器	
● 菱錾	● 手缝木夹
● 平錾（齿距 3mm）※ A	● 间距规
● 皮线针（直径 3mm）※ B	● 牛仔扣专用安装模具
● 皮线锥	
● 替刃式裁皮刀	● 万用底座
● 橡胶板	● 十字螺丝刀
● 塑胶板	● 多功能挖槽器
● 棉棒	● 剪刀
● 上胶片	● 万能胶
● 白胶	
● 打磨砂条	
● 床面处理剂	

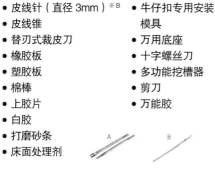

原料

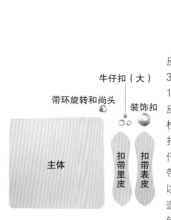

牛仔扣（大）
带环旋转和尚头　装饰扣
主体
扣带里皮　扣带表皮

主体、扣带表皮和里皮分别使用 3mm、2mm 和 1mm 厚的植鞣牛皮。装饰扣使用螺栓较小、能与牛仔扣搭配使用的。牛仔扣使用大号的，带环旋转和尚头可以根据自己的喜好选择是否装。皮线使用 3mm 宽的。

▼ 处理扣带

扣带要先用皮线锁边，再缝到主体上。要把扣带表皮和里皮粘起来，然后打出皮线缝孔。注意，打缝孔时不要使用菱錾，而要使用平錾——打皮线缝孔的专用工具，其刀刃为一字形。由于要锁边，扣带的皮边基本不会露在外面，可以不做处理，但是修整一下会更美观。

01

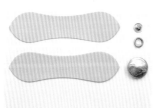

扣带表皮和里皮分别使用 2mm 和 1mm 厚的皮革。装饰扣要与牛仔扣母扣的里扣组合。

02

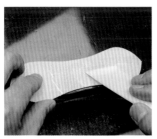

在扣带表皮和里皮的肉面均匀涂抹白胶。注意，边缘留出约 10mm 长的区域不抹白胶。

小贴士

图中红色区域不涂白胶，留作锁边完成后皮线的出口。

03

对齐边缘，将扣带表皮和里皮粘起来。

04

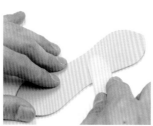

用万能打磨器的长柄按压，使两部分粘得更牢。

05

用打磨砂条仔细地打磨皮边。

06

因为使用皮线锁边，所以不必削边，用打磨砂条打磨平整即可。

07

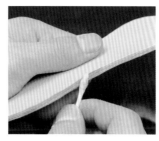

用棉棒将床面处理剂涂在皮边上。

08

然后用帆布细细打磨皮边。

13

确认图中圈出的区域（没有涂抹白胶的地方）能够开合。

09

这是皮边打磨后的样子。虽说锁边后皮边几乎看不到，可以不做修整，但打磨后会更美观。

14

在顶角用7号圆冲（直径2.1mm）打出圆孔。在曲线部分用2齿平錾边调整间距压出缝孔印记，然后用1齿平錾打孔。

10

使用间距规在扣带正面距皮边3mm处轻轻画出一圈缝合基准线。

11

按纸型上的标记，在扣带正面距离皮边6mm处用挖槽器挖出线槽，以便之后将扣带缝到主体上。

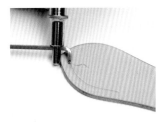

15

在直线部分用3齿平錾打孔。

12

这是扣带上的缝合基准线画好、线槽挖好的样子。

16

这是打好缝孔后的样子。

▼ 皮线的穿针方法

先用替刃式裁皮刀把皮线的前端切得窄一些，再将其从肉面削薄，然后把皮线穿入皮线针的针眼，并进一步固定在皮线针的针尾上。注意，皮线的宽度要和皮线针针眼的宽度对应，也就是说如果牛皮线宽 3mm，那么皮线针的针眼也要宽 3mm。

05
先将皮线前端穿过针眼。

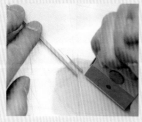

01
用替刃式裁皮刀把皮线的前端切得窄一些。

06
转动皮线，使其紧紧卡在针眼中。

02
从肉面将皮线前端斜着削薄。

07
用皮线针的针尾夹紧皮线。

03
这是皮线穿入针眼前的样子。

08
拉动皮线，确认皮线已经固定。

04
皮线针的针尾可以夹紧皮线。

09
用木锤柄轻轻敲打皮线针的针尾，使其夹紧皮线。

下面介绍皮线缝合的双缠法。皮线要缠绕扣带一周，最后的结线方法是重中之重。此外，还要学会如何中途接线，因为市售的皮线通常长 90cm。线不够长的话，必须接一根新线继续缝下去。

基本操作方法

没有粘贴的部分

01

从没有粘贴的部分开始将皮线从扣带正面穿入缝孔，留下约 20mm 长的线头。

02

将皮线按照箭头指示的方向绕过线头。

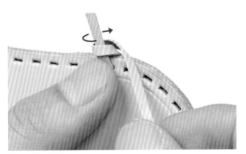

03

这是皮线绕过线头的样子。接着，将皮线针插入下一个缝孔中。

04

拉出皮线。

05

从扣带正面将皮线针从两个针脚之间插入皮线交叉处。注意，皮线针要从皮线和皮边的间隙插入。

06

拉紧皮线，就缝好了一个针脚。

07

重复步骤03~06，直至缝完一周。

08
注意，每完成一针都要拉紧皮线。

扣带前端锁边方法

01
皮线要穿过尖端的圆孔三次。

02
皮线三次穿过同一个圆孔，这样这个针脚才能与其他针脚保持均衡、显得美观。

小贴士：接线法

锁边时，若皮线不够长，要接一根新线。先从粒面把原皮线前端 10mm 长的区域削薄，再从肉面把新皮线前端 10mm 长的区域削薄。

这是两根前端削薄的皮线。之后要把这两部分粘起来。

在削薄的地方都涂上万能胶。

仔细粘贴，确保边缘对齐。

用木锤敲打粘贴区域，使其粘得更牢。

收针方法

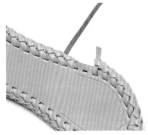

01
缝至还剩最后一个缝孔时，暂停。

06
将此线头剪至 10mm 长。

02
用皮线锥将开始缝合时预留的线头从线圈中挑出来。

07
在线头前端涂抹万能胶。

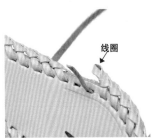

03
图中箭头所指就是线头挑出后留下的线圈。

线圈

08
将线头塞入两层皮革之间。

04
再用皮线锥从没有粘贴的两层皮革之间将线头挑出来。

09
这是线头消失后的样子。

05
这就是线头从两层皮革之间穿出来的样子。

10
让皮线针从扣带正面穿过下一个缝孔。

11

拉紧皮线。

12

将留在皮革背面的皮线针从下往上穿过线圈。

13

将穿过线圈的皮线针从正面插回前一皮线交叉处。

14

拉紧皮线。

15

将皮线针从上往下插入步骤12中的线圈。

16

边调整针脚边拉紧皮线。

17

将皮线针插入第一个缝孔，斜着从两层皮革之间的缝隙中穿出。

18

如图所示，皮线针从两层皮革之间穿出来。

19

拉紧皮线。

20

贴着针脚剪断皮线。

21

用木锤轻轻敲打皮线，使针脚匀称、美观。

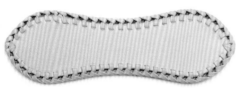

22

这是完成锁边的扣带正面和背面。

安装装饰扣与里扣

01

接着，在扣带上安装装饰扣和牛仔扣的里扣。

02

按照纸型上的标示，用 12 号圆冲（直径 3.6mm）打出安装孔。

03

用 50 号圆冲（直径 15mm）切出一块圆形垫皮，在其中心用 12 号圆冲打孔。

04

从扣带正面套上装饰扣。

小贴士

圆形垫皮既可以放在装饰扣一侧，也可以放在里扣一侧。无论放在哪一侧，都要根据实际情况调整垫皮的厚度，确保装饰扣不松动。

05

将圆形垫皮套在装饰扣扣脚上，在螺纹上涂少许白胶。

06

将里扣放在垫皮上，它们中间的孔务必对准。

主体③
零钱袋
卡位
纸钞位
组合

07

拧上装饰扣的螺栓，
使装饰扣固定。

08

这是装饰扣和里扣
安装完毕后，扣带
正面和背面的样子。

▼ 安装扣带和主体上的配件

接下来的工作是把扣带与牛仔扣的公扣
安装在主体上。纸型上已经明确标出了它们
的位置，对照纸型在主体上标记出来即可。
扣带的正面已经挖出了线槽，将扣带直接缝
在主体上即可。

01

先把扣带要与主体
缝合的区域用砂条
磨毛糙。

02

涂抹白胶。

03

把扣带粘在主体上。

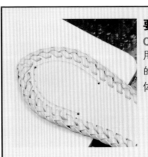

要点
04

用圆锥对准扣带上
的缝合基准点在主
体上钻出圆孔。

05

用菱錾在基准点之间打出缝孔。

06

进行缝合。

07

最后用万能打磨器的长柄按压缝线，使其贴在线槽中，使针脚看起来更加匀称。

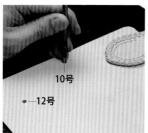

08

在主体上，分别用12号和10号圆冲（直径3mm）打出牛仔扣的公扣以及旋转和尚头的安装孔。

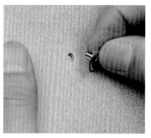

09

从主体肉面插入底扣的扣脚。

10

从主体粒面将扣帽套在底扣的扣脚上。

11

将主体放在万用底座平的一面上，底扣在下、扣帽在上，用牛仔扣专用安装模具铆合。

12

将旋转和尚头从粒面插入安装孔，从肉面拧上螺栓固定。

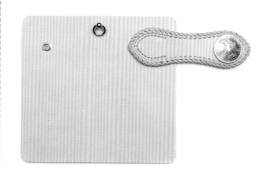

13

最后，尝试开合牛仔扣几次，确认能顺畅开合。

颜色的变换带来不同的视觉效果

　　图中的 3 个皮夹是同一款式，只是颜色不同。前面我们曾提到制作皮夹时可以通过改变部件的款式来做出不同的皮夹，在此基础上，还可以通过挑选不同的皮革进一步扩展皮夹的款式。自己设计和制作皮夹时，皮革的选择非常重要，所以建议大家亲自到商店挑选自己喜欢的皮革。

不同的皮革赋予皮夹不同的特色

　　手工制作皮夹时，最常使用植鞣牛皮，然而，你也可以像本书中的示例一样，主体部分使用马臀皮（马臀部的皮，光滑细腻、富有光泽）、鳄鱼皮等，制作出个性十足的皮夹。建议大家寻找理想的皮革，尝试制作独具一格的皮夹。不过，不同皮革的处理方法不尽相同，大家购买时一定要多问多记。

光面 + 插扣式

简单易做的扣带

　　别看插扣式主体制作方法简单，它的闭合性其实非常好。本款皮夹主体的扣带在主体上端（也可以在主体中部），看上去更协调、更美观。制作关键在于把扣带前端稍稍削薄，这样便于从扣环中插入和拔出。如果你不想使用五金配件，又要追求安全性，我强烈推荐这款实用性极强的插扣式皮夹。

双色设计给人时尚的感觉，单色设计则给人朴实无华的印象。如果制作双色皮夹，扣带和扣环的里皮颜色要与主体里皮的相同。

工具	
• 圆锥	• 圆冲（8号）
• 菱錾	• 床面处理剂
• 替刃式裁皮刀	• 帆布
• 万能打磨器	• 木锤
• 磨边棒	• 手缝针 / 缝线 / 线蜡
• 橡胶板	• 削边器
• 塑胶板	• 手缝木夹
• 上胶片	• 直尺
• 白胶	• 玻璃板
• 打磨砂条	• 间距规
• 棉棒	• 铁笔
• 剪刀	

原料

主体表皮　主体里皮

扣带表皮　　　　扣环表皮
扣带里皮　　　　扣环里皮

　　主体最好使用约1.7mm厚的皮革，主体里皮使用1mm厚的皮革，扣带、扣环的表皮与里皮选择厚度相同的皮革为宜。

▼ 制作扣环

　　先制作这款插扣式皮夹主体的扣环。关键在于粘贴表皮和里皮时要使它们弯曲。扣环表皮使用了与主体表皮相同的红色皮革，扣环里皮使用了原色革，当然也可以使用红色或其他颜色的皮革。

01
扣环是供插入扣带用的部件。先对扣环里皮进行粗裁。

02
将扣环表皮肉面朝上放置，然后用替刃式裁皮刀从距离两端边缘约10mm处开始向两端斜着削薄。

03
将纸型覆盖在扣环表皮上，用圆锥标记出缝合的起点和终点。

04
然后在扣环表皮的肉面涂抹薄薄的一层白胶。

05
在扣环里皮的肉面也涂满白胶，避免两者粘得不牢。

06
扣环是在弯曲状态下缝在主体上的，所以要在弯曲状态下粘贴表皮和里皮，以免日后皮革起皱、裂开。

07
用玻璃板按压扣环，使表皮和里皮粘得更牢。

08
扣环的表皮和里皮是在弯曲状态下粘在一起的，所以粘好的扣环呈拱形。

09
待白胶干透后，裁去多余的里皮。

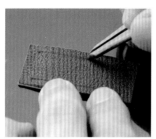

10

在步骤 03 标出的缝合起点和终点之间，用间距规在距离皮边 3mm 处画出缝合基准线。

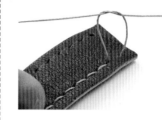

15

将这两根线打结。在扣环表皮一侧打结，是因为这部分要缝在主体内侧，从外面看不到。

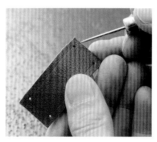

11

用圆锥对准这 4 个缝合基准点，钻出圆孔。

16

要尽量贴着皮面打结，以免针脚松散。

12

微调间距，压出缝孔印记，确认无误后用菱錾打孔。

17

剪断缝线。按照同样的方法缝合另一侧。缝完后，用木锤敲打针脚，使其匀称、美观。

13

将环扣固定在手缝木夹上开始缝合。不必回缝，直接从第一个缝孔缝起。

18

接下来修整皮边。先用削边器削边。

14

里皮一侧的缝针穿过最后一个缝孔之后，停止缝合，这时两根缝针都在表皮一侧。

19

再用打磨砂条打磨整形。

20

用棉棒给皮边涂上床面处理剂。

21

用帆布细细地打磨皮边。

22

最后用菱錾打出扣环两端的缝孔，以便之后扣环与主体缝合。

23

这是制作完成的扣环。

▼ 制作扣带

扣带的制作过程与扣环基本相同，就是把表皮和里皮粘贴并缝合起来。注意，要使皮革弯曲再粘贴，并且留出那些在此阶段不缝合、将来与主体缝合的区域。另外，一定要先依照纸型标出缝合基准点，再进行缝合。

01

这是扣带的表皮和里皮。与扣环一样，扣带的里皮也要先进行粗裁。

02

在扣带表皮的肉面涂抹白胶。

03

在扣带里皮的肉面也涂抹白胶。

04

此款皮夹主体的扣带要绕过主体插入扣环。为了美观和方便抽插，要使皮革弯曲再粘贴。

05

从背面用玻璃板按压扣带，使表皮和里皮粘得更牢。

09

用圆锥对准步骤07中标记的基准点，钻出圆孔。

06

裁去多余的里皮。

10

用菱錾沿着较长的那条缝合基准线打出缝孔。

07

按照纸型，用圆锥标记缝合基准点。

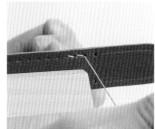

11

现在开始缝合。开头两针要用回缝法缝合。

08

将间距规的间距设定为3mm，画出缝合基准线。注意，有两组缝合基准点，分别在每组的起点和终点之间画线。

12

最后两针也要用回缝法。贴着针脚将两侧的缝线剪断。

小贴士

应该画出两条缝合基准线，其中较短的一条是将扣带缝到主体上时用的。

13

缝完后，用木锤敲打针脚，使其匀称、美观。

14

用削边器削边，没有缝合的那部分皮边也要一并处理。

15

然后用打磨砂条打磨整形。

16

用棉棒在皮边上涂抹床面处理剂。

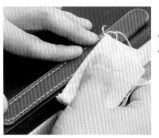

17

用帆布细细地打磨皮边。

18

这是制作完成的扣带，稍后要缝到主体上。

▼ **制作主体**

下面介绍缝上扣带和扣环之前的主体的制作方法，它与光面皮夹主体的制作方法相同。要提醒大家的是，由于粘贴面积较大，必须加快涂抹白胶的速度。不过也可以在皮革肉面喷少许清水以延缓白胶变干的速度，从容地进行粘贴。

01

这是主体表皮和里皮，里皮依然要先进行粗略裁剪。

02

在里皮肉面大面积涂抹白胶。要加快涂抹速度，若白胶失去黏性，就无法粘贴了。

03

在表皮肉面也均匀涂满白胶。

04

先粘贴一半，然后慢慢折起中间部分，小心地粘贴另一半。

05

用玻璃板按压主体。使用玻璃板的长边效率更高。

06

用万能打磨器的长柄按压皮边，确保粘贴牢固、不卷边。

07

裁掉多余的里皮。

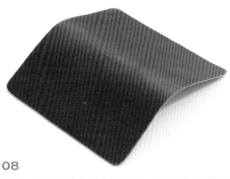

08

这样，主体就制作完成了。接下来要把扣带和扣环缝到主体上。

▼ 安装扣带与扣环

　　纸型上已经明确标出了扣带与扣环的缝合位置，按照纸型在主体正面做好标记。注意，在主体上挖扣环插孔时，要先用圆冲在插孔两端打出圆孔。此外，粘贴和缝合扣带与扣环时，要严格按照标记的位置操作。

01

现在要把扣带和扣环安装在主体上。

02

将纸型覆盖在主体正面，用圆锥标记出缝孔及扣环插孔的位置。

03

用8号圆冲（直径2.4mm）对准扣环插孔的标记压出4个印记。

04

画两条直线将圆冲压出的两个圆形印记连起来，标记出扣环插孔。另一个插孔也这样标记。

05
用替刃式裁皮刀的刀尖仔细地挖出扣环插孔。

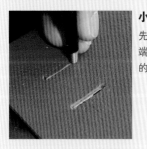

小贴士
先用圆冲在插孔两端打出圆孔，挖出的插孔会更美观。

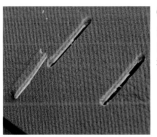

06
这就是在主体上挖出两个扣环插孔的样子。

07
用打磨砂条打磨扣环插孔的边缘。

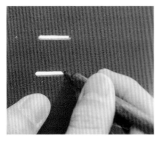

08
用铁笔等较尖细的工具在扣环插孔的边缘涂抹床面处理剂，并打磨。

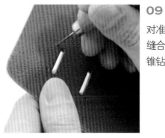

09
对准之前标记出的缝合基准点，用圆锥钻出圆孔。

10
用菱錾在基准点之间打出缝孔。

11
再将扣环一端插入主体。

要点
12
将扣环另一端也插入主体，并将两端向外翻折，使扣环上的缝孔与主体上的对准。

13
开始缝合。注意，每一个针脚都要用回缝法缝合。先将一根缝针穿过中间的缝孔。

主体④

零钱袋

卡位

纸钞位

组合

14

然后向一端缝合，缝到最后一个缝孔再回缝。

19

这是扣环安装在主体上的样子（正面和背面）。

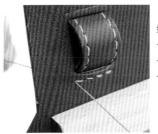

15

缝到另一端的最后一个缝孔再回缝，一直缝到起针的那个缝孔。

20

然后缝合扣带。先按照纸型用圆锥在主体正面标记缝合基准点。

16

这时两根缝针位于主体两侧，从根部剪断缝线。

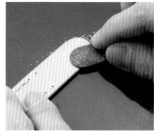

21

然后把扣带上的粘贴区域用打磨砂条磨毛糙。

17

此时不再使用木锤敲打针脚，以免伤到扣环，改用磨边棒的头部按压。

小贴士

为了粘贴牢固，可以将主体上的粘贴区域也磨毛糙，但是因为之后还要缝合，所以也可以只将扣带磨毛糙再抹上白胶。

要点

18

缝合后，从主体正面轻轻拉扣环，使其看起来更美观。

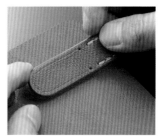

22

对准主体上的缝合基准点，将扣带粘在主体上。

小贴士

务必确保扣带的粘贴位置准确，扣带上端应距离主体上端30mm，否则会影响使用的便利性。

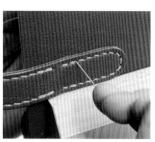

27

最后同样回缝两针，从根部剪断缝线。

23

确认位置准确无误后，用万能打磨器的长柄按压粘贴区域，以便粘得更牢。

28

用木锤轻轻敲打针脚。这样，扣带就缝好了。

24

然后将圆锥对准扣带上的基准点，刺穿主体。

25

沿着缝合基准线的直线部分用4齿菱錾打出缝孔，在曲线部分改用2齿菱錾打出缝孔。

29

这是组装好扣带和扣环的主体，以后还要缝上零钱袋、卡位等部件。

26

头两个针脚要用回缝法缝合。

主体④

零钱袋

卡位

纸钞位

组合

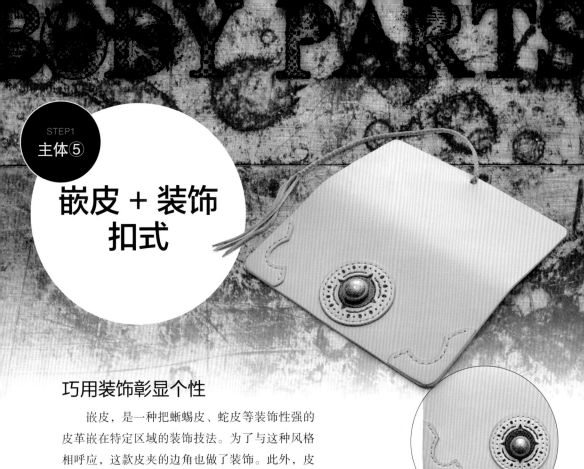

STEP1
主体⑤

嵌皮 + 装饰
扣式

巧用装饰彰显个性

　　嵌皮，是一种把蜥蜴皮、蛇皮等装饰性强的皮革嵌在特定区域的装饰技法。为了与这种风格相呼应，这款皮夹的边角也做了装饰。此外，皮夹开合处安装了装饰扣，并用三股编织的鹿皮绳缠绕在上面。嵌皮装饰、边角装饰皮及装饰扣并非必须配套使用，每一种均可单独使用，而且不受皮夹形状、使用的皮革等的限制，大家可以展开想象，享受设计的变幻无穷和乐趣。

不照搬纸型上的固定款式，自行设计嵌皮装饰和边角装饰更有趣。

工具	
• 圆锥	• 打磨砂条
• 圆冲（4号、8号、12号、15号、100号）	• 床面处理剂
	• 帆布
• 皮带打孔器（10号）	• 木锤
	• 手缝针／缝线／线蜡
• 菱錾	• 手缝木夹
• 替刃式裁皮刀	• 间距规
• 万能打磨器	• 十字螺丝刀
• 橡胶板	• 剪刀
• 塑胶板	• 削边器
• 上胶片	• 玻璃板
• 白胶	• 棉棒

原料

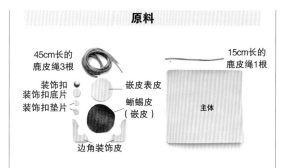

45cm长的
鹿皮绳3根

15cm长的
鹿皮绳1根

装饰扣
装饰扣底片
装饰扣垫片

嵌皮表皮
蜥蜴皮
（嵌皮）

主体

边角装饰皮

　　装饰扣底片、装饰扣垫片、嵌皮外皮和边角装饰皮分别使用3mm、2mm、1.5mm和1.5mm厚的植鞣牛皮。准备一块圆形蜥蜴皮（直径80mm）、3根45cm长的鹿皮绳和一根15cm长的鹿皮绳，还要挑选一个配套螺栓直径为15mm的装饰扣。

▼ 制作并安装嵌皮装饰和边角装饰皮

首先制作嵌皮装饰和边角装饰皮，并缝在主体部件上。本款皮夹使用蜥蜴皮做嵌皮，也可以使用蛇皮。大家可以参考本部分的制作方法，自定义嵌皮装饰和边角装饰皮的形状和颜色等，享受设计的过程和乐趣。

01

这是制作嵌皮装饰的原料。作为嵌皮的蜥蜴皮的直径要比嵌皮表皮的大 5 ~ 10mm。

04

将蜥蜴皮垫皮的肉面用打磨砂条磨毛糙，然后用白胶将其粘在蜥蜴皮肉面的中央。

02

将纸型覆盖在嵌皮表皮上，用圆锥做出标记。

05

将蜥蜴皮粒面朝上放置，用万能打磨器的长柄按压粘贴区域，并沿着垫皮边缘稍微用力压刮，凸显出垫皮的形状。

03

用 100 号圆冲（直径 30mm）在嵌皮表皮中央打出圆孔。

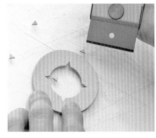

06

依照纸型，用替刃式裁皮刀刻出嵌皮表皮的内圈形状。

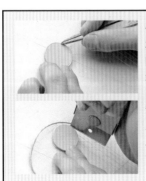

小贴士

将步骤 03 切出的圆形皮革的直径裁小 1mm，它可以作为蜥蜴皮的垫片。并非必须使用垫片，而是使用后更有层次感和设计感。

07

在嵌皮表皮上，用 10 号皮带打孔器（直径 3.6mm）打出椭圆形装饰孔，用 4 号圆冲（直径 1.2mm）打出圆形装饰孔。

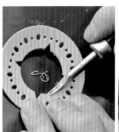

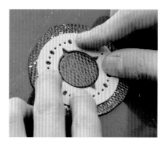

12

把嵌皮表皮和蜥蜴皮粘在一起，使两者圆心重合。

08

用削边器和打磨砂条修整内圈皮边。涂上床面处理剂，用帆布打磨。

13

让蜥蜴皮肉面朝上，用万能打磨器的长柄按压粘贴区域，使其粘得更加牢固。

09

将嵌皮表皮放在蜥蜴皮上，使两者圆心重合，用圆锥沿着嵌皮表皮的外缘画线。

14

沿着嵌皮表皮的外侧边缘将多余的蜥蜴皮裁掉。

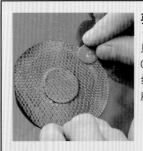

要点

10

用打磨砂条将步骤09画出的线内侧约3mm宽的区域磨毛糙。

15

只处理嵌皮装饰正面的皮边。用打磨砂条修整，涂上床面处理剂，用帆布打磨。

11

在磨毛糙的区域涂抹白胶。在距离嵌皮表皮的内圈和外圈边缘约3mm的区域也涂抹白胶。

16

这是嵌皮装饰制作完成的样子。

17

准备一块皮革，将纸型正面和反面分别覆盖在上面，裁切出一组左右对应的边角装饰皮。

18

依照纸型，用圆锥在边角装饰皮上标记出缝合基准点。

19

在内侧皮边上涂抹床面处理剂，并用帆布打磨。

20
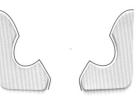
图中红线标示处即要事先修整的内侧皮边。

21

接着要将制作完成的边角装饰皮和嵌皮装饰缝在主体上。

22

在主体的肉面涂抹床面处理剂并用玻璃板打磨。

23

依照纸型，将嵌皮装饰和边角装饰皮放在主体的相应位置上，用圆锥画出轮廓。

24
用打磨砂条将主体上要粘贴嵌皮装饰和边角装饰皮的区域磨毛糙。

25

在嵌皮装饰的背面和主体上相应的粘贴区域涂抹白胶。

主体⑤

零钱袋

卡位

纸钞位

组合

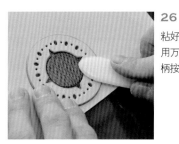

26

粘好嵌皮装饰后，用万能打磨器的长柄按压紧实。

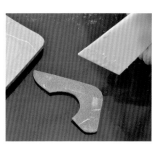

27

在边角装饰皮的肉面和主体上相应的粘贴区域涂抹白胶。

28

粘好边角装饰皮后，用万能打磨器的长柄按压紧实。

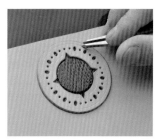

29

用间距规在嵌皮装饰的外圈和内圈画出缝合基准线。注意，内圈要分4段缝合，要按照纸型标记缝合基准点。

30

在步骤18中标记的缝合基准点之间画出缝合基准线。

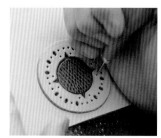

31

在嵌皮装饰内圈4段缝合基准线的两端，分别用圆锥对准缝合基准点钻孔。

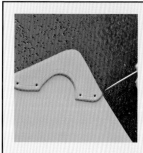

小贴士

边角装饰皮上有4个缝合基准点。

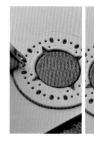

32

沿着嵌皮装饰的缝合基准线，用2齿菱錾调整间距并压出缝孔印记，用1齿菱錾打出缝孔。

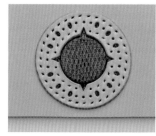

33

这是嵌皮装饰的内圈和外圈打好缝孔的样子。

34

在边角装饰皮的缝合基准点之间用2齿菱錾压出缝孔印记，用1齿菱錾打出缝孔。

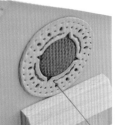

▼ 安装装饰扣

装饰扣起到锁具的作用，安装在嵌皮装饰的正中，用三股编织皮绳缠绕装饰扣可以闭合皮夹。装饰扣用螺栓固定在装饰扣底片上，再通过底片上的皮绳固定在主体上。

35

嵌皮装饰的内圈分4段缝合。从每一段中间的缝孔起针，用回缝法缝合。此处用的是紫色缝线。

01

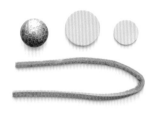

这就是制作装饰扣的原料。装饰扣底片和垫片分别使用3mm和2mm厚的皮革。

36

再缝合嵌皮装饰的外圈。距离主体边缘较近的下端中间的两针要使用回缝法缝合。

02

依照纸型，分别在底片和垫片上用圆锥标记打孔的位置。

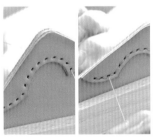

37

接下来缝合边角装饰皮。注意，开头和最后的两针要用回缝法缝合。

03

用削边器和打磨砂条修整底片和垫片的皮边。

38

缝合完成后，用木锤敲打针脚，使其匀称、美观。

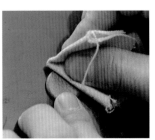

04

给皮边涂上床面处理剂，用帆布细细打磨，还要打磨底片和垫片的肉面。

05

在底片和垫片上打孔。只有底片中心的圆孔使用12号圆冲（直径3.6mm），其余的使用8号圆冲（直径2.4mm）。

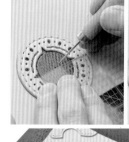

06

将皮绳的两端分别从肉面穿过底片上两侧的圆孔。

10

用12号圆冲对准嵌皮装饰的圆心打孔。并在主体上用15号圆冲（直径4.5mm）打出皮扣绳的安装孔。

07

将装饰扣从粒面插入底片中间的圆孔，可在螺纹上涂抹少许白胶以防松动。

11

将装饰扣上的皮绳从正面穿过嵌皮装饰中心的圆孔，然后在背面套上装饰扣垫片。

08

拧紧螺栓，固定装饰扣。

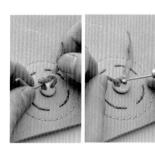

12

将皮绳打结，涂抹白胶固定。

09

这是底片上安装好装饰扣以及皮绳的样子。

13

用木锤敲扁皮绳绳结，使其贴附在垫皮上，要把握敲击力度，以免误伤装饰扣。

▼ 编织并安装皮扣绳

　　最后要编织皮扣绳并安装到主体上。皮扣绳的标准长度是编织部分长 20cm，绳穗部分长 10cm。编织完毕后，将皮扣绳穿过主体上的安装孔并拉出即可。

05

编织到最后，用右侧的皮绳环绕另外两根，将末端塞进环圈，打结。

01

皮扣绳由三根 2mm 宽、45cm 长的鹿皮绳编织而成。

02

将三根鹿皮绳对齐，顶部打结，分散开。让左侧的压住中间的，使左侧的到中间，中间的到左侧。

06

留下 10cm 长的绳穗，将鹿皮绳都斜着剪断，让它们从主体背面穿过安装孔。

03

用右侧的皮绳压住中间的皮绳。如此反复，编织下去。

04

直到编织部分有 20cm 长。

07

从主体正面拉出皮扣绳，主体就制作完成了。

STEP1
主体⑥

格纹印花 + 无扣式

给人强烈视觉冲击的外观

这款皮夹主体上的格纹印花和装饰钉能给人带来强烈的视觉冲击，使用的牛仔扣可以体现机车风格皮夹的粗犷。实际上，配备零钱袋和卡位的本款皮夹的标准设计，应该是在安装牛仔扣的位置安装大号装饰钉。此外，因为要在主体表面打印花，所以必须使用比较厚的皮革。

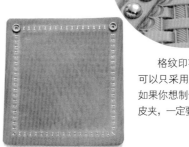

格纹印花和装饰钉也可以只采用一种。不过，如果你想制作机车风格的皮夹，一定要用牛仔扣。

工具	
• 圆锥	• 万用底座
• 菱锥	• 木锤
• 铁笔	• 清水 / 喷壶
• 美工刀	• 印花工具 ※A
• 塑胶板	• 皮雕锤
• 直尺 / 画圆尺	• 旋转刻刀 ※B
• 橡胶板	• 防伸展内里
• 玻璃板	• 羊毛片
• 圆冲（12 号）	• 牛脚油
• 牛仔扣专用安装模具	• 钉锤

部件

主体

牛仔扣　　装饰钉

因为要在主体上打印花，所以必须使用厚度大于 2.5mm、油分少、纤维细密的植鞣革。为了体现机车风格，要使用直径 6mm 的装饰钉和两组大牛仔扣。

▼ 标记五金配件的位置及印花边框线

主体上要打印花和安装装饰钉，所以先要确定装饰钉的安装位置以及印花区域的边框线（印花图案外侧的线）。装饰钉由两只钉爪固定，必须先依照纸型用菱锥钻出钉爪的安装孔。

01

将纸型覆盖在主体上，用圆锥标记装饰钉的安装位置。

02

标出印花区域的边框线。

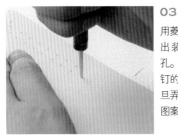

03

用菱锥对准印记钻出装饰钉的安装孔。确认每个装饰钉的安装位置，一旦弄错会弄乱整个图案。

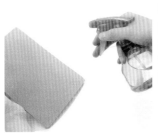

04

打印花前，先用喷壶在主体两面喷少许清水，润湿皮革，使其颜色变深。

05

在皮革肉面贴上防伸展内里，用玻璃板按压紧实，裁掉多余的内里。

06

用直尺和铁笔划出印花区域的边框线。

07

边框线的转角是弧形的，可以使用画圆尺（一种可以画出圆形的尺子）画出弧线，如图。

08

这是在主体上打好装饰钉的安装孔、刻出印花区域边框线的样子。

▼ 刻出印花区域边框线

先用旋转刻刀刻出边框线，再用打边印花工具雕刻边框线内侧。使用旋转刻刀和印花工具需要一定的技巧，最好先在皮革边角料上练习。但是，本款皮夹的边框线是直线，即便是新手应该也能快速完成。

小贴士

要想刻出完美的边框线，必须熟练掌握旋转刻刀的用法，可以将皮革润湿，在边角上练习刻直线和曲线。此外，还需掌握磨刀的技巧，以免刀变钝。

01
在熟练使用旋转刻刀前，先用直尺练习刻直线。能熟练运刀后，再直接在皮革上刻。

02
印花区域的边框线有内外两条。外边框线要刻成圆角，此时先刻直线，不用刻圆角。

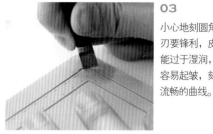

03
小心地刻圆角。刀刃要锋利，皮革不能过于湿润，不然容易起皱，刻不出流畅的曲线。

04
沿着内边框线的内侧边缘用打边印花工具打印花。

05
注意把握敲打力度，内边框线要做斜面刻印。

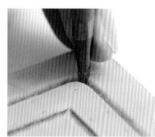

06
外边框线的内侧也要打印花。圆角处使用小号打边印花工具，这样更容易打，而且显得整齐、美观。

07
这是印花区域边框线刻完的样子。

▼ 打出印花

格纹印花是连续打出的，一定要提前确认打印花的基准线及重合部分的位置。还要注意，在边框线附近打格纹印花时，要使格纹印花工具倾斜，以免误伤边框线。

01
打印花之前要先画出中心基准线。首先找出印花区域的中心。

02
找出边框线左右两侧的中心点，连成直线。这条线就是打印花的基准线。

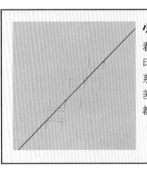

小贴士
看清图中基准线和印花图案的位置关系，不可有任何偏差，否则整幅图案都会混乱。

03
沿着基准线轻按格纹印花工具，压出印记。下一个图案右下的竖线与上一个图案左上的竖线是重合的。

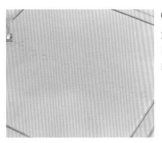

04
沿着基准线，先压出最中间一列印花的印记。

小贴士
这一列印记是整幅图案的基准，务必确保位置没有丝毫偏差。

05
确认位置无误之后，用木锤或皮雕锤敲打格纹印花工具，正式打印花。

06
每个格纹都要确认位置正确后再正式打印花。

07
最中间一列印花打完后，轻轻压出下一列印记。

主体⑥

零钱袋

卡位

纸钞位

组合

08

正式打第二列格纹印花，因为重合部分增多，所以比打第一列时容易。

12

打印花打到边角附近时，画出基准线，这样不容易错位。

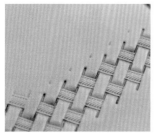

09

这是两列格纹印花打好后的样子。按照这个方法，依次打印花。

13

一列一列地打印花，直到印花挨着内边框线。

小贴士

当格纹与边界线重合时，打印花时要抬起印花工具，以免伤到边框线。

14

每一列印记都要仔细确认位置，精心打出印花，保证没有错位。

10

重复步骤07~09，依次打出印花。

11

有时打到中途才发现图案歪斜了，但为时已晚，所以每打一列都要查看一下有无错位。

15

这是在主体上打出格纹印花的样子。

16

格纹与内边框线之间的区域，可以用边框印花工具打一圈印花。先在 4 个边角处打上印花。

17

沿着其中一条内边框线打边框印花。可以微调间距，确保每条线内的印花数量一致。

18

4 条内边框线内都要打上边框印花。

19

这样，格纹印花就打好了。将主体放在一边，待其干燥。

▼ 后续工序

打完印花后，待湿润的皮革彻底干燥后才能进行下一步。皮革干燥后，先揭掉背面的防伸展内里，然后涂上牛脚油，放置一段时间。牛脚油可以补充随水分流失的油脂、修护皮革，使其恢复理想状态。

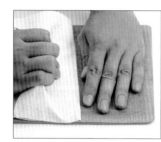

01

皮革彻底干燥后再揭掉防伸展内里。若皮革未干就揭，撕扯时皮革有可能伸展，导致正面的印花变形。

02

皮革中的油脂会随着水分蒸发而流失，导致皮革变硬，涂上牛脚油可以修护皮革。

小贴士

涂抹牛脚油的羊毛片上的羊毛太长的话，会导致油分过多，要将羊毛修剪至合适的长度。

03

将牛脚油倒在羊毛片上。注意牛脚油的用量，既要沾染整个羊毛片，又不能太多。

04

将羊毛片对折，轻轻揉搓，使牛脚油沾染每一根羊毛。

05

用羊毛片轻轻擦拭主体表面。不要一次性倒上大量牛脚油，而要边擦拭边补油。

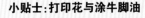

06

查看一下，可以根据需要重复上油，直到皮革恢复理想状态。

小贴士：打印花与涂牛脚油

虽然很难判断皮革中到底含有多少油脂，但是一定要注意，油脂过多会导致皮革过软，辛苦打出的印花有可能消失。打印花后，皮革变得比原来更硬、张力更大，即便涂上牛脚油也难以恢复原有状态，若不涂牛脚油，直接将皮革折起来，皮革有可能开裂，所以一定要先涂牛脚油，并将皮革搁置一段时间，待油脂充分浸润皮革后，再根据皮革硬度一点点地将其折起来。此外，涂上牛脚油之后，印花会更醒目。

▼ 处理主体肉面

主体如果不贴里皮，只需涂抹床面处理剂并打磨即可。由于主体面积比较大，一定要用玻璃板用力打磨，如果力度不够，打磨不彻底，使用时容易起毛。

01

本款皮夹的主体没贴里皮，所以要打磨肉面。将床面处理剂均匀涂满整个肉面。

02

用玻璃板打磨。

03

将打磨好的主体放在一边，待其干燥。

▼ 安装五金配件

安装牛仔扣能凸显皮夹的机车风格，如果制作的是标准款皮夹，只安装装饰钉即可。之前我们已经打好了装饰钉的安装孔，此阶段的关键工作是做好钉爪的折叠固定。钉爪要一个一个地仔细折叠固定，最后还要敲进皮革中。

小贴士

使用牛仔扣是为了凸显皮夹的机车风格。如果选做标准款皮夹，请直接阅读下一页的"安装装饰钉"。

安装牛仔扣

01

依照纸型上的标记，用 12 号圆冲（直径 3.6mm）在同一条边两端的圆角处，先打出牛仔扣的安装孔。

02

然后将牛仔扣的表扣从主体粒面插入安装孔。

03

将里扣从主体肉面套在表扣的扣脚上。

04

将表扣放在万用底座上型号相配的凹槽中。

05

使用牛仔扣专用安装模具铆合。

06

确认里扣与表扣固定牢固，牛仔扣的母扣就安装好了。

小贴士

用手旋转母扣，若能转动，说明装得不牢固，要再次用工具敲打。

07

这是牛仔扣母扣安装好的样子。

安装装饰钉

01
将装饰钉的两个钉爪插入安装孔。

02
用力按，使钉爪穿透皮革。

03
用木锤或者钉锤将直立的钉爪按倒，紧贴肉面。

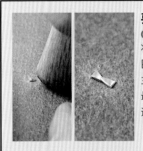

要点
04
将两个钉爪折叠成图中的样子。因为主体没有贴里皮，最后还将钉爪砸进皮革中。

05
按此方法安装其余装饰钉。

小贴士
即便装饰钉较多，也要一个一个地仔细安装。

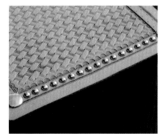

06
这是沿着一条边安装好装饰钉的样子。

07
如果钉爪浮起，容易钩住其他物体，所以最后要用钉锤一个个地敲打，使其嵌入皮革。

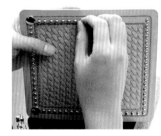

08
可以将一条边上所有的装饰钉一次性插入，微调间距，使其排列整齐，然后敲打固定。

09
这是主体装上牛仔扣母扣和装饰钉的样子。

STEP2
制作零钱袋

零钱袋按照开合方式分为袋盖开合和拉链开合两类。袋盖开合方便，拉链开合安全性高，大家可以根据自己的需求选择合适的款式。

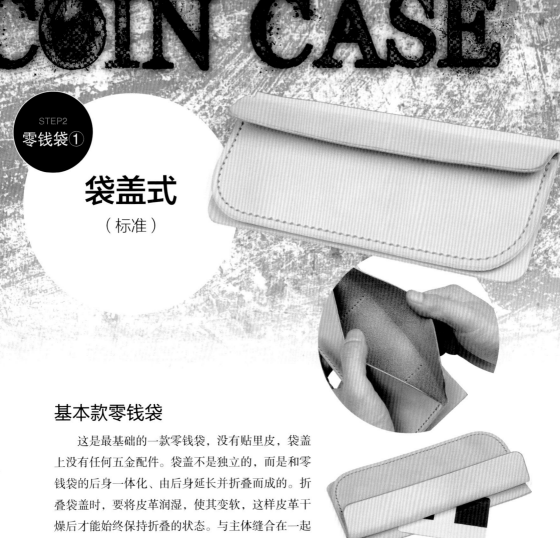

袋盖式

（标准）

基本款零钱袋

　　这是最基础的一款零钱袋，没有贴里皮，袋盖上没有任何五金配件。袋盖不是独立的，而是和零钱袋的后身一体化、由后身延长并折叠而成的。折叠袋盖时，要将皮革润湿，使其变软，这样皮革干燥后才能始终保持折叠的状态。与主体缝合在一起的底片与零钱袋后身之间的夹层可以当作卡位。零钱袋的前身和后身的纸型有两种式样，本款皮夹是圆角式的。如果制作粗犷风格的零钱袋，就要制作成直角式的，还要安装牛仔扣。

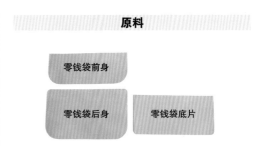

袋盖与后身一体化，简单易做而且实用性强。袋身与底片之间的夹层可以放卡片。

工具	
• 圆锥	• 帆布
• 菱錾	• 夹子
• 替刃式裁皮刀	• 木锤
• 万能打磨器	• 缝线 / 手缝针 / 线蜡
• 橡胶板	• 削边器
• 塑胶板	• 手缝木夹
• 上胶片	• 直尺
• 白胶	• 玻璃板
• 打磨砂条	• 间距规
• 床面处理剂	• 清水 / 海绵
• 棉棒	• 剪刀

原料

零钱袋前身

零钱袋后身　　　零钱袋底片

　　前身和底片使用 1.5mm 厚的植鞣牛皮，后身（包含袋盖）使用 2mm 厚的植鞣牛皮。

▼ 处理所有皮革的肉面和上端的皮边

缝合之前，要处理好所有皮革的肉面，还要对所有皮革上端的皮边进行打磨处理。

01

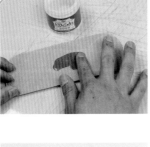

在所有皮革的肉面涂抹床面处理剂。

02

用玻璃板打磨。

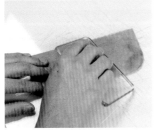

03

参照图中的红线标示，修整所有皮革上端的皮边。

零钱袋前身

零钱袋后身　　零钱袋底片

04

将皮革粒面朝上放在橡胶板上，对齐两者的边缘，用打磨砂条修整。

05

然后翻过来，按同样的方法修整肉面的皮边。

06

用打磨砂条将皮边修整得光滑、平整。

07

这是皮边打磨完成的样子。

08

用棉棒给皮边涂上床面处理剂。

09

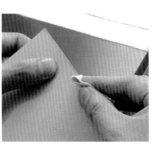

用帆布细细打磨皮边，直至床面处理剂半干。

▼ 修整袋盖的皮边

袋盖是后身的一部分，后身使用 2mm 厚的皮革。先用削边器给袋盖正反两面的皮边削边，再用砂条打磨整形。袋身部分的皮边待缝到主体上之后一起修整，此阶段只处理袋盖部分的皮边即可。

01

将前身和后身边缘对齐叠放在一起，用圆锥在重合部位做标记。

02

修整袋盖部分的皮边。后身使用的是 2mm 厚的皮革，先用削边器对粒面的皮边进行削边。

03

翻过来，对肉面的皮边进行削边。

04

用打磨砂条进一步打磨、整形。

05

给皮边涂上床面处理剂，用帆布细细打磨，直至床面处理剂半干。

06

如图所示，只有袋盖部分的皮边进行了打磨。

▼ 缝合后身与底片

首先润湿皮革，折出袋盖，等皮革彻底干燥后才能进行缝合。由于皮革具有可塑性，干透后依然会保持折叠状态。将后身与底片缝起来，缝线内的区域可以作为卡位。

05

折叠袋盖。

主体

零钱袋①

卡位

纸钞位

组合

01

将纸型覆盖在零钱袋后身的肉面上，用圆锥标记出零钱袋后身与底片的缝合基准点。

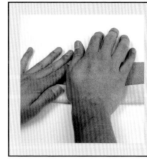

小贴士

开始时轻轻折，再慢慢加大力度，才能折好袋盖。

02

用万能打磨器长柄的尖端将刚才标记的基准点连成3条缝合基准线。依照纸型，画出袋盖的折叠线。

06

让这块皮革保持折叠状态，待其彻底干燥。

03

这是后身上画好缝合基准线以及折叠线的样子。

要点

07

待折叠处彻底干燥后，将零钱袋后身与底片粒面相对叠放在一起，并用夹子固定。

要点

04

海绵蘸水润湿，轻轻擦拭折叠线。注意，水迹稍稍过折叠线即可，水太多可能浸湿皮革正面，导致其变色、变硬。

08

用圆锥对准后身上的缝合基准点钻孔，要穿透底片。

09
继续用力钻孔，使孔变大。

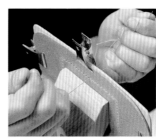

14
将后身和底片一起固定在手缝木夹上，开始缝合。

10
在缝合基准点之间，用菱錾边调整间距边压出缝孔印记。

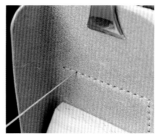

15
开头和最后的两针用回缝法缝合。此处使用的是麻线，最终缝线分别在皮革两侧。

11
打出缝孔。

16
处理好线头后，要用木锤轻轻地敲击针脚，使其整齐、匀称。

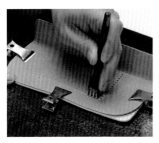

12
检查后身与底片的固定情况。一旦夹子移位，缝孔就会随之错位。

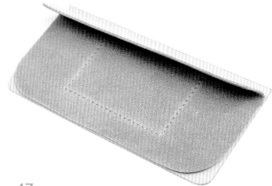

13
这就是打好缝孔的样子。

17
这是后身和底片缝合完成的样子。

▼ 缝合零钱袋的前身与后身

后身没有处理皮边的那部分就是缝合区域，要先把这部分的皮边磨毛糙。打缝孔时，先在底片和后身之间插入橡胶板，再在零钱袋后身上打孔，这样能避免伤到底片。

01
先用打磨砂条将零钱袋前身和后身上距离侧边及底边大约 3mm 的区域磨毛糙。

02
在磨毛糙的区域涂抹白胶。

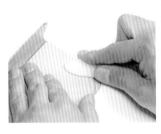

03
将前身和后身粘在一起，用万能打磨器的长柄按压紧实。

04
白胶干燥后，用打磨砂条修整皮边。

05
在零钱袋前身上，用间距规在距离两侧及底部皮边3mm 处画出缝合基准线。

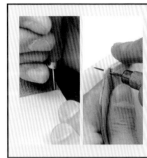

小贴士
紧贴前身和后身重叠处，用圆锥在后身上距离侧边3mm处钻孔。

06
沿着缝合基准线打出缝孔。

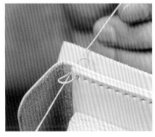

07
开始缝合。开头和最后的两针要用回缝法缝合。

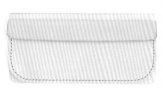

08
这是袋盖式零钱袋制作完成的样子。缝好的皮边留待组装在皮夹主体上之后一起修饰。

STEP2

零钱袋②

袋盖式

（四合扣）

※ 注意：不可用于机车风格皮夹

加入侧片、扩大容量

本款零钱袋的前身、后身和侧片由一块皮革折叠而成，袋盖单独安装，亮点在于袋盖与后身缝合形成的空间仍然可以用于收纳。侧片的加入使其容量大大增大。不过，因为零钱袋是由一块皮革折叠而成的，所以成品显得比较厚，但在使用过程中随着折痕的加深会慢慢变薄。即便有这样的不足，与其他零钱袋相比，本款零钱袋仍以大容量胜出。

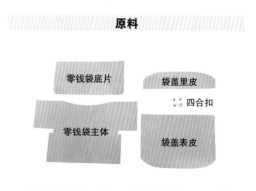

侧片可以大幅度展开，使零钱袋容量大大增大，这是本款零钱袋最大的亮点。只是，刚制作完成的零钱袋会因有侧片而显得比较厚。

工具	
• 圆锥	• 床面处理剂
• 菱錾	• 帆布
• 替刃式裁皮刀	• 夹子
• 万能打磨器	• 木锤
• 橡胶板	• 手缝针 / 缝线
• 塑胶板	• 剪刀
• 上胶片	• 削边器
• 圆冲（10 号、15 号）	• 手缝木夹
• 四合扣专用安装模具	• 棉棒
• 万用底座	• 间距规
• 白胶	• 清水 / 海绵
• 打磨砂条	

原料

零钱袋底片

袋盖里皮

四合扣

零钱袋主体

袋盖表皮

所有部分都使用 1.5mm 厚的植鞣牛皮，四合扣使用大号的。

▼ 处理所有皮革的肉面并修整部分皮边

先处理所有皮革的肉面，还要处理好需要提前修整的皮边，主体上凹槽的皮边很容易被忽视，一定要注意修整。

01

图中红线标示的是要提前修整的皮边。

02

所有皮革的肉面都要涂上床面处理剂并打磨。

03

修整皮边。因为使用的都是1.5mm厚的较薄的皮革，所以不用削边，用打磨砂条修整皮边即可。

04

用棉棒涂抹床面处理剂，不要沾染到皮革正面。

05

用帆布给皮边打磨。

小贴士

别忘记修整主体上凹槽的皮边。

06

仔细涂抹床面处理剂。这种细微之处的处理对成品的品相影响很大。

小贴士

这种细微之处很难打磨，可以将帆布卷成条伸进去慢慢打磨。

07

确认所有皮革的肉面及应提前修整的皮边都处理了。

▼ 制作零钱袋主体和袋盖

本阶段要制作主体和袋盖。制作主体时，要在前身上安装四合扣的母扣、缝合后身和底片以及折叠出侧片。制作袋盖时，要在袋盖里皮上安装四合扣的公扣以及缝合袋盖表皮与里皮。

安装四合扣

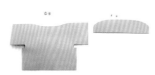

01

这是袋盖里皮、零钱袋主体和四合扣。四合扣的母扣安装在零钱袋的前身上，公扣安装在袋盖里皮上。

02

先将纸型覆盖在袋盖里皮上，用圆锥标记出公扣的安装位置。

03

用10号圆冲（直径3mm）对准刚才做的印记，打出安装孔。

04

将底扣从肉面穿过安装孔，从粒面将扣帽套在底扣的扣脚上，用四合扣专用安装模具敲打以固定。

05

将纸型覆盖在零钱袋主体上，标记出母扣的安装位置，用15号圆冲（直径4.5mm）打出安装孔。

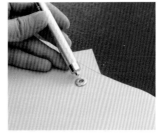

06

将内用型表扣从肉面穿过安装孔，从粒面将里扣套在表扣的扣脚上，再用四合扣专用安装模具敲打以固定。

缝合零钱袋主体与底片

01

这是安装好母扣的零钱袋主体和底片。

02

将纸型覆盖在主体及底片上，用圆锥标记出缝合基准点。

03

将主体与底片粒面相对叠放在一起，并用夹子固定。

04
圆锥对准主体上的缝合基准点插入，刺穿底片。

08
用木锤轻轻地敲打针脚，使其整齐、匀称。

05
紧挨主体上端边缘，用圆锥对准底片上的缝合基准点钻孔。

09
先用海绵蘸水润湿侧片。

06
在缝合基准点之间连线，沿此线打出缝孔。

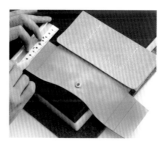

10
再画出侧片的折叠线。外侧的折叠线画在皮革粒面，内侧的折叠线画在皮革肉面。

07
将主体和底片一起固定在手缝木夹上，用聚酯线缝合，最后用打火机烧熔线头。看左上图，底片上的缝孔需缝两次。

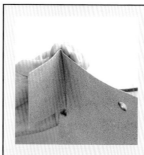

要点
11
沿着内侧的折叠线将侧片向肉面折。

12
用万能打磨器的长柄用力压出折痕。

主体

零钱袋②

卡位

纸钞位

组合

要点

13
再沿着外侧的折叠线将侧片向相反方向折。

14
用万能打磨器的长柄用力压出折痕。

15
按照同样的方法将对侧的侧片折好。图中是侧片折好的样子。

粘贴、缝合袋盖表皮和里皮

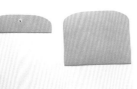

01
这是袋盖表皮和已经安装了公扣的袋盖里皮。

02
把里皮放在袋盖表皮上，两者肉面相对标出里皮的粘贴位置。

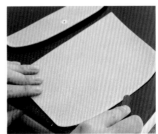

03
把袋盖表皮和里皮顶部距皮边约3mm 的粘贴区域分别磨毛糙。

04
在磨毛糙的区域涂抹白胶。

05
将袋盖表皮和里皮粘在一起，用万能打磨器的长柄按压紧实。

06
用打磨砂条修整粘贴好的皮边。

07
将袋盖肉面朝上放置，紧贴着里皮的下端边缘，用圆锥在距离表皮侧边3mm 处钻孔。

08

然后将间距规的间距设定为 3mm，在表皮上画出缝合基准线。

09

将圆锥从表皮的粒面插入步骤 07 钻出的圆孔，用力，使孔扩大。

10

在缝合基准点之间打出缝孔。

11

将表皮和里皮一起固定在手缝木夹上，开始缝合。表皮与里皮下端重叠处要绕边缝合两次（左上图）。用打火机烧熔线头，用木锤敲打针脚，使其整齐、匀称。

12

用削边器从正反面对缝合好的皮边进行削边处理，并用打磨砂条打磨整形。

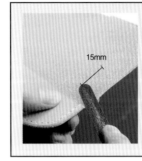

小贴士

没有贴里皮的那部分皮边，只用打磨砂条打磨即可。如图，此阶段只修整里皮下方约 15mm 长的皮边。

15mm

13

在皮边上涂抹床面处理剂。

14

用帆布细细打磨所有的皮边。

15

这是制作完成的袋盖和零钱袋主体。

主体

零钱袋②

卡位

纸钞位

组合

借助侧片，将零钱袋主体和袋盖组合起来。注意，因为侧片是在皮革湿润的状态下折叠而成的，所以必须待皮革彻底干燥后才能进行下一步操作。零钱袋主体由一块皮革折叠形成，显得比较厚，可以用工具用力按压折痕，减小厚度。

05
将零钱袋主体上相应的粘贴区域也磨毛糙，给零钱袋后身和袋盖粒面的粘贴区域抹上白胶。

01
将零钱袋的后身叠放在袋盖粒面上，标记出粘贴位置。

02
将零钱袋的前身叠放在袋盖肉面上，标记出侧片的粘贴位置。

06
将袋盖和零钱袋后身粘起来。

03
在袋盖肉面，将粘贴侧片的区域用打磨砂条磨毛糙。

07
确保边缘对齐。

04
在袋盖粒面，将粘贴零钱袋后身的区域也用打磨砂条磨毛糙。

08
用万能打磨器的长柄按压粘贴区域，使其粘得更牢。

09

待袋盖与后身粘贴区域的白胶干燥后，给侧片和袋盖肉面已经磨毛糙的粘贴区域涂抹白胶。

10

注意，两片侧片以及袋盖肉面两侧的粘贴区域都要涂抹白胶。

11

将前身向上折起，将侧片与袋盖粘贴起来。

12

若前身向上展，会导致侧片与袋盖分开，所以粘贴时最好用手压住前身。

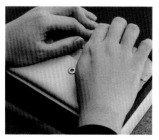

13

粘贴后，双手按住粘贴区域，等白胶干燥至一定程度再松手，确保侧片与袋盖不分开。

14

这是侧片、袋盖和后身粘在一起后的侧视图。

15

用万能打磨器的长柄用力按压粘贴区域，使其粘得更牢。

16

白胶变干后，用打磨砂条修整粘贴好的皮边。

17

将间距规的间距设定为3mm，然后在侧片上画出缝合基准线。

小贴士

缝合基准线画至距离侧片底部皮边3mm处即可，线的末端就是缝合基准点。

主体

零钱袋②

卡位

纸钞位

组合

18

用圆锥对准缝合基准点钻孔。

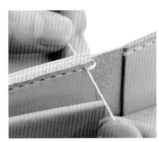

23

侧片顶端的缝孔要绕边缝合两次。

19

然后掀开底片，紧贴侧片与袋盖重叠处，用圆锥在袋盖上距离侧边3mm处钻孔。

24

最后将线头固定在后身与底片之间的隐蔽处。

20

接着在前两步钻出的孔之间用菱錾打出缝孔。

25

两侧都缝完后，用万能打磨器的长柄轻轻按压针脚，使其匀称、美观。

要点

21

从侧片底部（使其靠近身体）开始缝合。第一针不必绕边缝合，将缝线直接穿过缝合基准点即可。

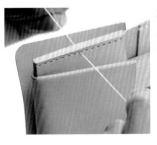

22

从侧片底部向着袋盖方向缝合。

26

这是零钱袋制作完成的样子。两端缝合好的皮边待零钱袋组装到皮夹主体上再一并修整。

STEP2
零钱袋③

袋盖式

（插扣）

兼具实用性和设计感

这是一款插扣式的带盖零钱袋，袋盖上的扣带插入前身上的扣环，可以闭合袋盖。扣带是设计上的一抹亮色。本款零钱袋虽然只是前、后身缝合起来的简单款式，但胜在使用顺手、容量大。根据个人喜好，还可以将插扣换成四合扣等。如果做成机车风格的零钱袋，则要将圆角改为直角，以便安装牛仔扣。

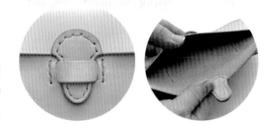

本款零钱袋开口大，使用方便。采用插扣式设计，闭合后安全性高而且开合顺畅。

工具	
• 圆锥	• 木锤
• 菱錾	• 缝线 / 手缝针 / 线蜡
• 替刃式裁皮刀	• 手缝木夹
• 万能打磨器	• 直尺
• 橡胶板	• 间距规
• 塑胶板	• 剪刀
• 上胶片	• 玻璃板
• 白胶	• 铁笔
• 削边器	• 夹子
• 打磨砂条	• 圆冲（8号）
• 床面处理剂	• 菱锥
• 帆布	• 棉棒
• 清水 / 海绵	

原料

零钱袋底片	零钱袋后身
	零钱袋前身

扣带里皮　扣带表皮　扣环

后身和扣环使用2mm厚的植鞣牛皮，前身、底片以及扣带表皮使用1.5mm厚的植鞣牛皮，扣带里皮使用1mm厚的植鞣牛皮。

▼ 处理各部分及安装扣环

首先处理各部分皮革的肉面以及需要提前修整的皮边。扣环安装在零钱袋的前身上，所以要先在前身上打出扣环插孔，将扣环插入前身再缝合起来。最好用铁笔等较尖细的工具打磨一下插孔的边缘。

小贴士

用替刃式裁皮刀从距离扣环两端边缘约10mm处开始向两端斜着削薄。

01

给各部分皮革的肉面涂上床面处理剂，用玻璃板打磨。

02

然后用削边器给扣环削边。

03

用削边器给零钱袋后身袋盖一侧削边。

04

用打磨砂条修整扣环的皮边。

05

用打磨砂条打磨后身袋盖部分及前身上端的皮边。

06

扣带要与袋盖缝合的那部分的皮边也要提前修整。

07

给修整后的各部分皮边涂抹床面处理剂，用帆布细细地打磨。

08

依照纸型，在零钱袋前身上打出扣环插孔。先用8号圆冲（直径2.4mm）压出4个印记。

要点

09
如图，将上下两个印记用两条直线连接起来，沿着连线割开，用8号圆冲打出圆孔，制作出扣环插孔。

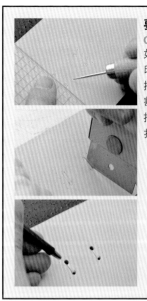

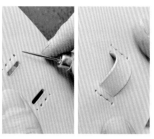

13
依照纸型，在零钱袋前身上标记出缝孔印记，两端的缝孔用圆锥钻孔，中间两个缝孔用菱錾打孔。然后插入扣环。

10
用打磨砂条打磨插孔的边缘。

14
使扣环上的缝孔对准零钱袋前身上中间的两个缝孔，从第二个缝孔起针开始缝合。

11
在插孔的边缘涂抹床面处理剂，并用圆锥或铁笔的尖端打磨。

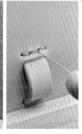

15
用回缝法缝合。

16
处理好线头后，用万能打磨器的长柄按压针脚，使其匀称、美观。

12
依照纸型在扣环两端用菱錾打出缝孔。

17 这是零钱袋前身缝上扣环的样子。

主体
零钱袋③
卡位
纸钞位
组合

▼ 安装扣带

本款零钱袋的袋盖由后身的一部分折叠而成。扣带表皮和里皮一上一下夹住袋盖，再与袋盖缝合。要先缝上扣带，再将零钱袋后身折起来，形成袋盖。

01

扣带表皮和里皮要一上一下夹住袋盖，再与袋盖缝合。

小贴士
依照纸型，确认扣带的安装位置，用圆锥在袋盖上做出标记。

02

在袋盖背面也标记出扣带的安装位置。

03

用打磨砂条将缝合区域磨毛糙。

04

在扣带表皮和袋盖粒面磨毛糙的区域涂抹白胶，将扣带表皮粘在袋盖上。

05

翻过来，在扣带里皮和袋盖肉面磨毛糙的区域涂抹白胶。

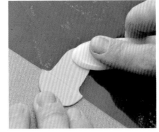

06

粘贴扣带里皮，用万能打磨器的长柄按压紧实。

07

在扣带表皮上距离皮边3mm处，用间距规画出缝合基准线。

08

用圆锥对准扣带两侧的缝合基准点钻孔（左图）。用2齿菱錾在基准点之间压出缝孔印记，再用1齿菱錾打出缝孔。

主体

零钱袋③

卡位

纸钞位

组合

09

因存在高度差，扣带与袋盖重叠部分的边缘很难用菱錾打孔，可以改用菱锥钻孔。

10

开始缝合。扣带上端中间的三针要用回缝法缝合。然后用木锤敲打针脚，使其匀称、美观。

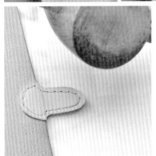

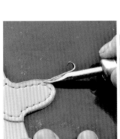

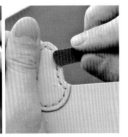

11

用削边器和打磨砂条修整扣带上端的皮边，涂上床面处理剂，并用帆布打磨抛光。

12

在袋盖肉面，用万能打磨器长柄的尖端画出折叠线。

要点

13

用海绵蘸水轻轻擦拭折叠线，水不要过多，以免弄湿皮革正面。

14

然后沿着折叠线折叠出袋盖，用力压出折痕。

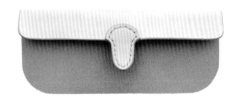

15 由于皮革的可塑性，待水分干燥后，袋盖部分可以长久保持弯曲状态。

将缝上扣带并折叠出袋盖的零钱袋后身与底片缝起来，缝线内侧的区域可以作为卡位。注意，缝合前不要将两者粘在一起，只用夹子固定即可。

01
准备好零钱袋后身和底片。

02
依照纸型，标记缝合基准点，用万能打磨器长柄的尖端在基准点之间连线。

要点
03
缝合前不要将零钱袋后身与底片粘在一起，用夹子将两者固定在一起即可。

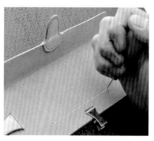

04
用圆锥对准缝合起点、终点及拐角处的基准点钻孔。

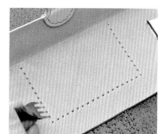

05
画出缝合基准线，并用菱錾打出缝孔。

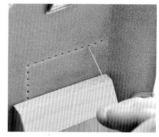

06
头两针要用回缝法缝合。

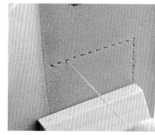

07
最后两针也要用回缝法缝合，使两根缝针分居皮革两侧。接着剪断缝线，固定线头。

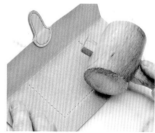

08
用木锤轻轻地敲打针脚，使其匀称、美观。

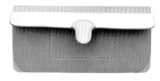

09 缝线内侧的区域就是卡位。

▼ 缝合零钱袋前身与后身

将前身与后身缝起来，零钱袋就制作完成了。注意，底片是不与前身缝在一起的，所以务必将塑胶板插入底片和后身之间，利用高度差打出缝孔，避免伤到底片。用平缝法将前身与后身缝合起来即可。

01
这是要缝在一起的零钱袋前身和后身。

05
将前身和后身粘在一起并按压紧实。将橡胶板插入后身和底片之间，隔开底片。参照第75页步骤05、06，打出缝孔。

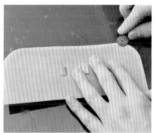

02
用打磨砂条将前身肉面的粘贴区域磨毛糙。

03
将前身叠放在后身上，边缘对齐，标记粘贴区域。用打磨砂条将后身的粘贴区域也磨毛糙。

06
开始缝合，开头和最后两针都要用回缝法缝合。缝完后用万能打磨器的长柄按压针脚，使其整齐、匀称。

04
在前身及后身的粘贴区域涂抹白胶。

07 这是制作完成的零钱袋。缝合后的皮边留待将零钱袋缝到皮夹主体上后一并处理。

主体

零钱袋③

卡位

纸钞位

组合

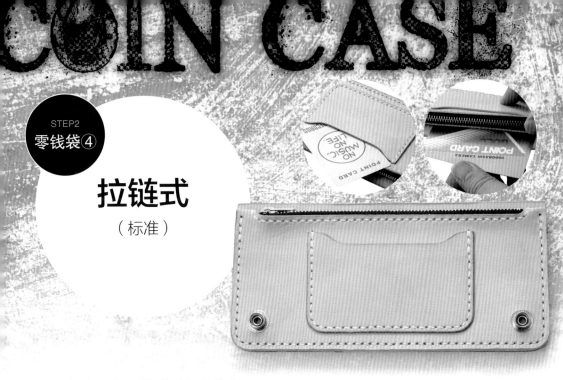

拉链式

（标准）

拉链式零钱袋的经典款

拉链式零钱袋的前身上安装了一个简单易做又实用的卡位。后身与底片缝合形成的区域也可以作为卡位，所以本款零钱袋实际上设计了两个卡位。前身上的卡位，可以像零钱袋⑤那样设计成两个并排的，也可以选择不装，保持简洁的风格。本款零钱袋为了凸显机车风格，还装了牛仔扣，但是要注意，如果做成其他款式则不必安装牛仔扣。

虽然没有加装侧片，但拉链式零钱袋开口较大，所以能轻松取出硬币等小物件。本款零钱袋的前身上、后身与底片之间各有一个卡位。

工具	
• 圆锥	• 万用底座
• 菱錾	• 床面处理剂
• 圆冲（12 号、30 号）	• 帆布
• 替刃式裁皮刀	• 夹子
• 万能打磨器	• 木锤
• 磨边棒	• 手缝针 / 缝线
• 橡胶板	• 削边器
• 塑胶板	• 打磨砂条
• 上胶片	• 手缝木夹
• 白胶	• 直尺
• 万能胶	• 玻璃板
• 三角研磨器	• 间距规
• 牛仔扣专用安装模具	• 棉棒
• 剪刀	

原料

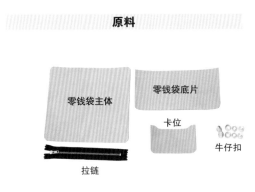

零钱袋主体　　零钱袋底片　　卡位　　牛仔扣　　拉链

所有部分都使用 1.5mm 厚的植鞣牛皮。拉链调整为 16cm 长，调整方法详见第 107 页。

▼ 处理各部分

这个阶段的工作是在主体上挖出开口以安装拉链以及打磨各部分的肉面。此外，还要确认并处理必须事先打磨好的皮边，比如拉链安装口、卡位、底片顶部的皮边等。

01
依照纸型，在主体上确定安装拉链的位置，并在其两端用 30 号圆冲（直径 9mm）打孔。

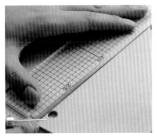

02
如图，用直尺和圆锥在两个圆孔之间连线。

03
沿着连线切出安装拉链的开口。

04
在各部分皮革的肉面涂抹床面处理剂。

05
然后用玻璃板打磨光滑。

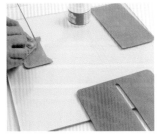

06
主体、底片和卡位的肉面都要处理，不要遗漏。

07
图中红线标示的就是必须提前修整好的皮边。

08
先用打磨砂条修整皮边。

09
因为这里使用的是 1.5mm 厚的薄皮革，所以圆角处不必切割和削边，直接用打磨砂条斜着修整一下即可。

主体

零钱袋④

卡位

纸钞位

组合

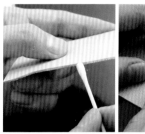

13

打磨开口侧面的皮边时，可以弯曲主体，使侧面皮边朝上，这样打磨得更彻底。

10

给皮边涂上床面处理剂，用帆布细细地打磨。

小贴士

将帆布卷起来打磨开口两端的皮边。

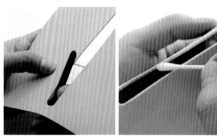

11

安装拉链的开口较狭窄，适合用帆布打磨。

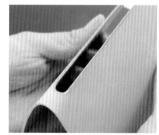

14

但帆布卷起来后不容易使劲，最后要再用磨边棒打磨。

12

翻过来，打磨肉面一侧的皮边。

15

这是开口处的皮边处理好的样子。

16

确认开口、卡位和底片上端的皮边都打磨完成。

▼ 安装拉链

安装前，先把拉链的链带部分粘贴在主体上。链带是布的，不能用白胶，只能使用万能胶粘贴。粘贴后，用平缝法缝合一周。注意，因为是缝合一周，所以头两针不必用回缝法缝合。

01

将拉链套在开口内，确认安装位置。

02

保持这样的状态翻到背面，确认布带的长短。

03

布带前端要靠近皮革边缘。

小贴士

为了防止布带两端的锯齿钻入针脚中，可以将其剪去。

04

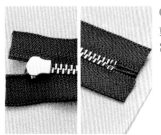

剪去锯齿，要保证窝边的宽度。

小贴士

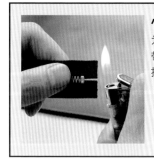

为了防止剪过的布带前端脱线，要用打火机烧熔。

05

把主体背面要粘贴拉链的区域磨毛糙。

小贴士

必须用万能胶将拉链的布带与皮革粘在一起。

06

在布带的正面涂上万能胶。

主体

零钱袋④

卡位

纸钞位

组合

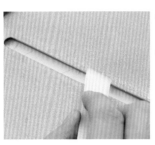

07

给主体上已经磨毛糙的区域也涂上万能胶。

11

将间距规的间距设定为3mm，环绕开口一周画出缝合基准线。

08

万能胶半干时，将拉链粘在主体上。

小贴士

用菱錾一边调整间距一边压出缝孔印记。用2齿菱錾在曲线部分沿逆时针方向压出印记、打出缝孔。

09

注意，此时拉链务必是闭合的。

12

先用2齿菱錾逆时针方向打出曲线部分的缝孔，再用4齿菱錾打出直线部分的缝孔。

小贴士

看清图示，拉链的下止不能隐藏在皮革下面。

13

打缝孔时可以微调缝孔间距。

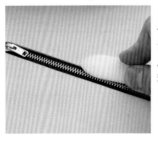

10

位置无误后，用万能打磨器的长柄按压粘贴区域，使其粘得更牢。

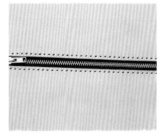

14

这是在主体的开口处打好缝孔的样子。

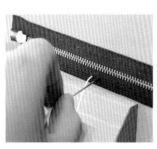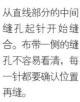

15

从直线部分的中间缝孔起针开始缝合。布带一侧的缝孔不容易看清，每一针都要确认位置再缝。

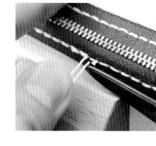

20

剪断缝线，留下约2mm长的线头。

16

因为要缝合一周，所以起针的时候不必回缝。

21

用打火机烧熔、固定线头。

17

缝合到曲线部分时调换皮革的方向，即从外部向着身体缝合，这样能使上劲，拉紧缝线时便于把握力度。

22

不能用木锤敲打针脚，以免误伤拉链，要使用万能打磨器的长柄仔细按压。

18

缝到起针的缝孔后，再向前缝两针。

23

这是零钱袋主体安装好拉链的样子。以拉链为折叠线将其对折，使其肉面相对，就形成了零钱袋的前身和后身。

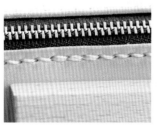

19

如果使用的是聚酯线，粒面一侧的缝针还需继续往前缝一针，这样两根缝针都在肉面。

小贴士：确定拉链的安装方向

拉链闭合时，从零钱袋前身看过去，拉头位于左侧，下止位于右侧，这是通常的安装方法。但是，考虑到左右手的使用习惯以及个人的喜好等因素，这种安装方式并不是绝对的。在安装之前，大家可以先尝试按照两种方向开合几次拉链，确认自己习惯的开合方向后再安装。

▼ 安装卡位

卡位缝在零钱袋前身的中间。本款零钱袋是严格按照纸型制作的，但是大家可以根据自己的喜好，改变卡位的安装位置、样式等，甚至舍弃不装，保持简洁。注意，粘贴时千万不要涂抹太多白胶，以免沾染前身，影响美观。

要点

05
在前身磨毛糙的区域涂抹白胶，不要涂抹到粘贴基准线以外。万一越界，赶紧用拧干水分的湿毛巾擦去。

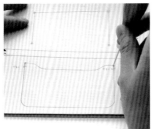

01
依照纸型，标记卡位的粘贴位置。

06
卡位上的粘贴区域也涂抹白胶。

02
将卡位放在粘贴位置上，沿着两条侧边及底边在零钱袋前身上画出粘贴基准线。

07
如果粘贴后再调整位置的话，白胶会溢出，所以尽量小心粘贴，争取一次成功。

03
在粘贴基准线内侧，把距离皮边3mm宽的区域用打磨砂条磨毛糙。

08
用万能打磨器的长柄按压粘贴区域，使其粘牢。

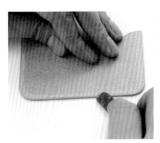

04
把卡位背面距离皮边3mm的区域也磨毛糙。

09
用间距规在卡位上距离侧边和底边3mm处画出缝合基准线。

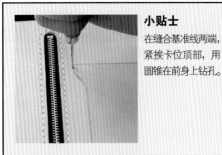

小贴士

在缝合基准线两端，紧挨卡位顶部，用圆锥在前身上钻孔。

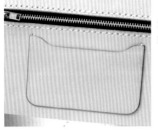

10

这是在卡位两侧钻好缝孔的样子。

要点

11

用菱錾沿着缝合基准线压出缝孔印记。菱錾的第一个齿要对准圆孔。

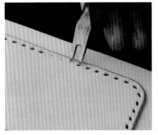

12

沿着缝合基准线打出缝孔，可以微调缝孔间距。圆角部分用2齿菱錾沿逆时针方向打孔。

13

这是在卡位上打好缝孔的样子。

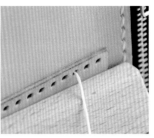

14

因为使用的是聚酯线，要用回缝法缝合，所以缝线先穿过第三个缝孔。

要点

15

向上缝至卡位顶部的缝孔后回缝，一直按平缝法缝合下去即可。

16

头三个针脚要用回缝法缝合。

17

缝到卡位另一侧顶部的缝孔后回缝两针，这时两根缝针分居皮革两侧。如果用的是麻线，此时就可以剪断缝线，固定线头了。

18

本款零钱袋使用的是聚酯线，粒面一侧的缝针还需继续回缝一针，这样两根缝针都在肉面。

19

剪断缝线，留下2mm长的线头，用打火机烧熔。

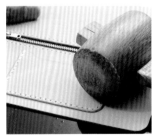

20

用木锤敲打针脚，使其匀称、美观。

21

这是零钱袋前身缝上卡位的样子。

▼ 缝合零钱袋后身与底片

接下来要把零钱袋的后身与底片缝起来，缝线内的区域可以放卡片。关键之处在于缝合前不进行粘贴，而是在用夹子固定的状态下进行缝合。

01

依照纸型，在零钱袋后身上标记缝合基准点。

02

用圆锥对准零钱袋后身上的缝合基准点钻孔。

要点

03

缝合前不用将零钱袋后身与底片粘在一起，用夹子将两者固定在一起即可。

04

用夹子固定后，用圆锥再次插入步骤02钻出的孔中，刺穿底片。

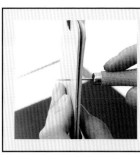

要点

05
刺穿底片后，继续用力，使孔扩大。

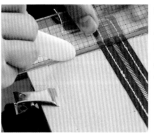

06
用万能打磨器长柄的尖端在缝合基准点之间连出三条缝合基准线。

07
沿着缝合基准线打出缝孔。

08
头三针要用回缝法缝合。

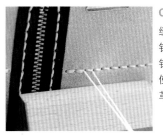

09
缝到最后时回缝两针，粒面一侧的缝针继续回缝一针，使两根缝针都在皮革肉面。

10
剪断缝线，留下2mm 长的线头。

11
用打火机烧熔、固定线头。

12
用木锤敲打针脚，使其匀称、美观。

13
这是零钱袋主体缝上卡位和底片之后正面以及反面的样子。零钱袋主体与底片缝合后形成的区域也可以放卡片。

主体

零钱袋④

卡位

纸钞位

组合

牛仔扣是体现机车风格不可或缺的元素。如果你选做的是其他款式，可以忽略本部分内容，直接阅读下一章节。牛仔扣要安装在零钱袋的前身上，纸型上标明了安装位置，大家直接依照纸型进行安装就可以了。

01

这就是牛仔扣，由表扣、里扣、底扣、扣帽构成。

02

依照纸型，标记牛仔扣的安装位置。

03

用 12 号圆冲（直径 3.6mm）在步骤 02 做出的标记上压出印记，尽量使标记处于圆孔的中心。

04

确定位置无误后，打出圆孔。

05

把底扣的扣脚从肉面插入，从粒面套上扣帽。

06

挑选型号相配的牛仔扣专用安装模具。

07

将牛仔扣专用安装模具垂直放在扣帽上，用木锤敲打。

小贴士

用手转动公扣，如果无法转动就表明安装牢固，否则，要再次敲打固定。

08

这是安装好牛仔扣公扣的样子。

▼ 缝合零钱袋主体

以拉链为折叠线将零钱袋主体肉面相对对折，再将前身和后身缝在一起，零钱袋就制作完成了。缝合时要把已经缝在后身上的底片掀起来再穿针引线，以免缝针扎伤底片。缝合后的皮边留待将零钱袋缝到皮夹主体上之后再一并修饰。

小贴士
折叠处会出现这样的缝隙。一定要用力按压折痕，直到缝隙消失。

01
以拉链为折叠线将零钱袋主体肉面相对对折，再缝合前身和后身，零钱袋就做好了。

05
然后用万能打磨器的长柄用力按压折叠处，使两层皮革紧密贴合。

02
把粘贴区域用打磨砂条磨毛糙。

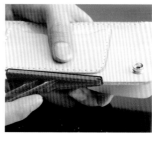

06
白胶变干后，用三角研磨器修整粘贴后的皮边。

03
涂抹白胶。

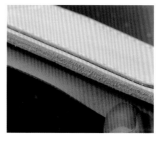

07
把皮边打磨成图中的样子，两层皮革几乎融为一体，分层不明显。

04
以拉链为折叠线对折零钱袋主体，使其肉面相对，对齐边缘，将前身和后身粘起来。

08
将纸型覆盖在前身上，用圆锥标记缝合基准点。

要点

09
用圆锥对准基准点钻孔。

10
将间距规的间距设定为3mm，在前身的两侧和底部画出缝合基准线。

11
在后身上也画出缝合基准线。

12
将橡胶板插入后身和底片之间，隔开底片，用菱錾打出缝孔。

小贴士

曲线部分要用2齿菱錾压出印记，再用1齿菱錾打孔。微调菱錾的方向，逆时针打孔，打出的缝孔会更协调、美观。

13
这是打出缝孔后的样子。

14
若使用聚酯线，头三针要回缝；若使用麻线，头两针要回缝。缝合时要掀开底片，以免缝针扎伤底片。

15
缝到最后时，要回缝两针。

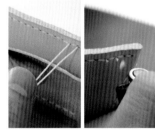

16
此处用的是聚酯线，粒面一侧的缝针还要继续回缝一针，使两根缝针都在肉面一侧。剪断缝线，留下2mm长的线头，烧熔、固定。

17
这就是制作完成的零钱袋。缝合后的皮边留待将零钱袋缝到皮夹主体上之后再一并修饰。

STEP2
零钱袋⑤

拉链式

（超大）

开口大，使用方便

拉链式的零钱袋，由于两侧加入了侧片，开口超大，使用更方便。零钱袋前身上设计了两个卡位，当然也可以不装，或者只装一个卡位（见第 98 页）。不过，如果装一个卡位，往往装上牛仔扣以体现机车风格。另外，如果要调节拉链的长度，可以使用马蹄钳（见下图 A）。

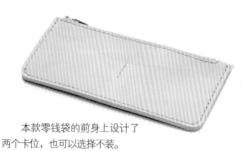

本款零钱袋的前身上设计了两个卡位，也可以选择不装。

工具	
• 圆锥	• 床面处理剂
• 银笔	• 帆布
• 菱錾	• 夹子
• 替刃式裁皮刀	• 木锤
• 万能打磨器	• 手缝针 / 缝线 / 线蜡
• 橡胶板	• 手缝木夹
• 塑胶板	• 直尺
• 马蹄钳 ※A	• 玻璃板
• 上胶片	• 间距规
• 白胶	• 剪刀
• 万能胶	• 磨边棒
• 打磨砂条	• 棉棒

原料

拉链

零钱袋主体

卡位

零钱袋主体

侧片

零钱袋底片

侧片和卡位使用 1mm 厚的植鞣牛皮，其余部分使用 1.5mm 厚的植鞣牛皮。拉链上止和下止之间的长度约为 16cm。

首先处理皮革的肉面，还要对一部分必须事先处理好的皮边进行修整。本款零钱袋使用了 1mm 和 1.5mm 厚的皮革，所以无须用削边器削边，只用打磨砂条修整即可。

01

先处理各部分皮革的肉面及一部分要提前修整的皮边（图中红线标示）。

02

在肉面涂抹床面处理剂。

03

在床面处理剂干燥前，用玻璃板将肉面打磨光滑。

04

使用打磨砂条修整皮边。

05

处理步骤 01 标示的皮边，不要有遗漏之处。

小贴士

不要忘记处理开口处的皮边。

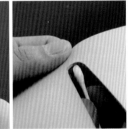

06

给皮边涂上床面处理剂，并用帆布细细打磨。

▼ 安装拉链

拉链是本款零钱袋的亮点之一。用马蹄钳拔掉上止和拉链齿，将拉链调整至合适的长度，剪去多余的布带，做好防脱线处理后再安装到零钱袋上。

01
这是零钱袋主体和一根 20cm 长的拉链（需调整长度）。

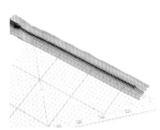

02
拉链上止和下止之间的长度应为 16cm。

03
用银笔在下止上方 16cm 处做标记。

16cm

小贴士
上止紧紧咬住布带。

04
用马蹄钳卸下上止。注意，上止还要继续使用，千万不能损坏。

05
用马蹄钳逐个拔掉拉链齿。

06
在步骤 03 的标记处重新安装上止。

07
用木锤轻敲上止，使其咬住布带。注意，如果咬合不紧，开合拉链时上止可能脱落。

08
开合几次拉链，确认没有问题。

主体

零钱袋⑤

卡位

纸钞位

组合

09

在布带背面上止以上10mm的区域涂抹万能胶。

13

如图，剪去多出来的布带。

10

按箭头指示向外翻折布带，使抹胶区域粘在一起。

14

用打火机烧熔布带的线头，防止脱线。

11

给红色三角形区域涂抹万能胶。

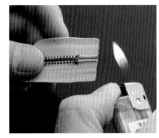

15

布带的另一端不用翻折，直接剪断、烧熔即可。

要点

12

按箭头指示继续翻折布带，使抹胶区域粘在一起。

这是拉链背面最终的样子。

16

这就是调整好长度并做好布带烧熔的拉链。

17

将主体肉面朝上放置，开口的前端预留8mm，用打磨砂条把距离开口处皮边约5mm的区域磨毛糙。

小贴士

拉链的下止与开口后端的间距为3 ~ 4mm。

18

在皮革肉面开口处磨毛糙的区域涂抹万能胶。

19

在距离布带边缘5mm的区域也抹上万能胶。

20

将拉链与主体放在一起，确认其安装位置。

21

在下侧的链带顶端涂上万能胶。

22

用直尺测量，确保拉链位于开口中央。

23

确认位置无误后，将拉链粘在主体上，用万能打磨器的长柄按压紧实。

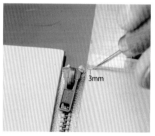

24

在主体上距离开口处的皮边3mm处用圆锥标记缝合基准点。

3mm

25

画出拉链的缝合基准线，使其与开口处的皮边距离3mm。

26

用圆锥对准缝合基准线两端的缝合基准点钻孔。

主体

零钱袋⑤

卡位

纸钞位

组合

27

沿着缝合基准线压出缝孔印记。曲线部分用2齿菱錾压出印记。

28

用1齿菱錾打出曲线部分的缝孔会更美观。

29

直线部分用4齿菱錾打孔。

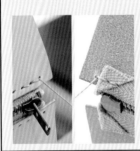

要点

30

若使用麻线缝合，头两针要用回缝法缝合。注意，最初的一针要绕过拉链布带的顶端。

31

如果布带一侧的缝孔看不清楚，可以从皮革粒面插入缝针，帮助确认缝孔位置。

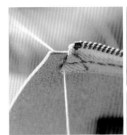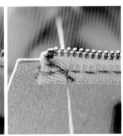

32

最后要回缝两针，此时两根缝针分居皮革两侧，尽量紧贴针脚剪断缝线。

33

处理好线头后，用磨边棒等工具按压针脚，使其匀称、美观。

34

开合几次拉链，确认开合顺畅。这样，拉链就安装好了。

▼ 缝合主体与底片

接下来要把零钱袋的主体与底片缝起来，缝线内的区域可以放卡片。注意，不能用黏合剂粘贴主体与底片，而要在夹子固定的状态下缝合。

05

固定后，用圆锥对准缝合基准点钻孔。

01

这是装上拉链的零钱袋主体和底片。

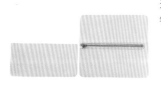

06

沿着缝合基准线打出缝孔。主体与底片不能出现移位、错位。

02

依照纸型，在主体肉面用圆锥标记缝合基准点。

07

这就是打好缝孔的样子。

03

在缝合基准点之间，用万能打磨器长柄的尖端画出三条缝合基准线。

08

头两针要用回缝法缝合。

04

主体与底片不用黏合剂粘贴，只用夹子固定。

09

最后两针也要用回缝法缝合，使两根缝针分居皮革两侧。

10

尽量贴着针脚剪断缝线。

11

处理好线头后，用木锤轻敲针脚，使其整齐、匀称。

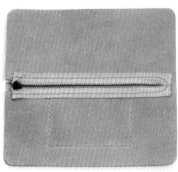

12

这是缝合完成的样子。缝线内的区域可以当作卡位。

▼ 安装卡位

零钱袋上加装卡位，增强了皮夹的收纳功能。卡位可以选装，如果不装，请直接阅读第114页"安装侧片"。

01

卡位安装在零钱袋的前身上。

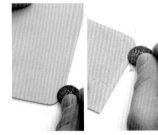

02

将卡位放在零钱袋的前身上，对齐边缘，用圆锥标记安装位置。

03

将零钱袋前身粒面和卡位肉面上距离皮边约3mm的粘贴区域分别用打磨砂条磨毛糙。

04

然后在粘贴区域涂抹白胶。

05

对齐边缘，将卡位与零钱袋前身粘在一起。

06

用万能打磨器的长柄按压粘贴区域，使其粘得更牢。

07

白胶变干后，用打磨砂条修整粘贴后的皮边。

08

然后依照纸型，用圆锥对准缝合基准点钻孔。

09

在两个基准点之间连出缝合基准线。

10

沿着缝合基准线打出缝孔。

11

将缝针插入中间的缝孔，向卡位顶部缝合，再向底部回缝，缝完最后一个缝孔后，回缝两针，回到中间的缝孔。

12

如图，零钱袋上有左右两个卡位。卡位的周边留待以后与其他部分一起缝合。

零钱袋的两侧加装侧片，可以增大零钱袋的开口，更方便取出硬币等小物件。将侧片纵向对折，分别缝在零钱袋的前身和后身上。

01

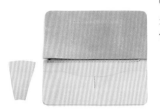

先准备好零钱袋和侧片。

小贴士

将侧片底部（图中红色区域）用替刃式裁皮刀斜着削薄，以便减小厚度，更利于闭合。

02

纵向对折侧片，压出折痕。

03

用万能打磨器长柄的尖端对准折痕画出折叠线。

04

沿折叠线对折。

05

用木锤轻轻敲打折叠线，加深折痕。

06

然后用打磨砂条将侧片肉面距离侧边约3mm的区域磨毛糙。

07

将零钱袋周边约3mm宽的区域用打磨砂条磨毛糙。

08

将侧片折起来放在零钱袋后身的背面（拉头一侧），确认涂抹白胶的区域。

09

确认粘贴位置后，在零钱袋以及侧片磨毛糙的区域涂抹白胶。

14

头两针要用回缝法并绕边缝合。

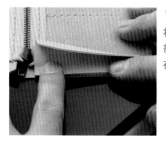

10

将侧片与零钱袋顶部及侧边对齐，粘在一起。

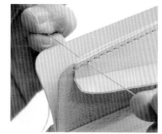

15

最后两针也要用回缝法并绕边缝合，使两根缝针分居皮革两侧。剪断缝线，固定线头。

11

展开侧片，用间距规在距离侧边3mm处画出缝合基准线。

16

然后用木锤轻轻敲打针脚，使其更匀称。注意，不要误伤拉链。

要点

12

紧挨着侧片底部与零钱袋重叠部分的边缘，用圆锥对准缝合基准线的末端在零钱袋上钻孔。

17

对折侧片，在还未缝合的另一处磨毛糙的区域涂抹白胶。

13

沿着缝合基准线打出缝孔。

18

以拉链为折叠线对折零钱袋，将零钱袋前身与侧片粘在一起。

主体

零钱袋⑤

卡位

纸钞位

组合

115

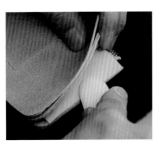

19

用万能打磨器的长柄按压粘贴部位，使其粘得更牢。

24

在零钱袋前身、后身边缘磨毛糙的粘贴区域涂抹白胶。

20

粘好后，在零钱袋前身上，距离侧边3mm处画出缝合基准线。

25

在白胶变干前，将零钱袋前身、后身粘贴在一起。

21

在缝合基准线末端，紧挨着侧片底部与零钱袋重叠处，用圆锥钻孔。

26

待白胶干燥后，用打磨砂条修整粘贴后的皮边。

22

在缝合基准线顶端，紧挨着卡位与零钱袋重叠处，用圆锥钻孔。

要点

27

将零钱袋对折，用力压出折痕。依照纸型，用圆锥标记缝合基准点并钻孔。

23

在刚钻出的两个孔之间打出缝孔。

28

在离皮边3mm处画出缝合基准线。

29

在有高度差的地方用圆锥钻孔。

30

沿着缝合基准线，用菱錾打出缝孔。

31

这是零钱袋周边打好缝孔的样子。

▼ 缝合零钱袋

缝合的关键之处在于侧片部分。一开始缝合的只是零钱袋的前身和侧片，侧片底部要与前身、后身缝合在一起。注意，紧靠侧片底部的那个针脚需用回缝法缝合。

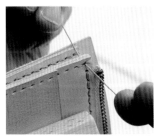

01

头两针要用回缝法缝合。

02

缝到卡位与前身重叠部分的边缘时，也要用回缝法缝合。

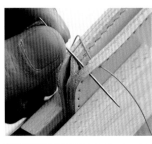

03

缝到侧片底端时，里侧的缝针从侧片折叠处穿出来（下图）。

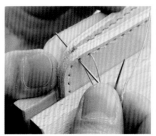

04

外侧的缝针要穿透零钱袋后身。缝针从后身侧片下端的缝孔穿出去（下图），注意不要扎伤底片。

05

拉紧缝线。

06

接下来的一个针脚要用回缝法缝合。此后按照平缝法缝合下去。

07

因为皮革是折叠在一起的，所以最后不必绕边缝合，直接从缝合基准点回缝两针即可。

08

用木锤轻轻地敲打针脚，使其匀称、美观。

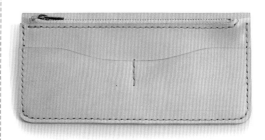

09

这样，作为部件的零钱袋就制作完成了。缝合后的皮边留待缝到皮夹主体上后再一并修饰。

STEP3

制作卡位

卡位的数量和开口方向可以自由选择。大家最好先模拟插卡和拔卡的动作，确认自己的使用习惯再确定卡位的开口方向。至于卡位的数量，大家可以参照自己常带卡片的数量来定。

STEP3
卡位①

4卡位式

基本款卡位

把两层卡位的中间缝起来，就得到了 4 个正常大小的卡位。这可以说是长皮夹最基本的卡位款式，其实用性也为人们公认。提前将距离卡位 A 底边约 10mm 的区域削薄，可以减小皮边的厚度。在此阶段，卡位的周边只进行粘贴，之后再与皮夹主体一起缝合，此时需要缝合的只有卡位中间的隔断。

每个卡位可以放置 2 ~ 3 张薄卡片。大家可参照自己平日所带卡片的数量来选择制作不同款式的卡位。

工具	
• 圆锥	• 床面处理剂
• 菱錾	• 帆布
• 替刃式裁皮刀	• 木锤
• 万能打磨器	• 手缝针 / 缝线 / 线蜡
• 橡胶板	• 手缝木夹
• 塑胶板	• 直尺
• 上胶片	• 棉棒
• 白胶	• 间距规
• 打磨砂条	

原料

卡位主体

卡位A

卡位B

卡位主体和卡位 A、B 分别使用 1.5mm 和 1mm 厚的植鞣牛皮。如果将距离卡位 A 底边约 10mm 的区域斜着削薄，那么制作起来更轻松，成品也更美观。

▼ 处理各部分

这款卡位由三个部分构成。此阶段的工作是修整和打磨各部分的肉面以及上端的皮边，还要用打磨砂条将粘贴区域磨毛糙。

04

将直尺压在粘贴基准线上，用打磨砂条将由此往上3mm宽的区域磨毛糙。

01

给各部分肉面涂上床面处理剂，打磨光滑。

05

将主体上距离侧边和底边约3mm宽的区域磨毛糙。注意，步骤03标示的两个红点以上的区域不能磨毛糙。

02

然后依照纸型，用圆锥在卡位主体上画出卡位A的粘贴基准线。

06

给卡位A、B和主体上端的皮边涂上床面处理剂，并用打磨砂条打磨光滑。

03

图中的红线就是卡位A底部的粘贴基准线，左右两个红点标明了卡位B顶端的粘贴位置。

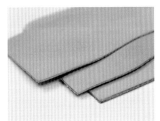

07

处理好肉面、打磨好皮边，准备工作就完成了。

▼ 缝合各部分

这部分工作比较简单，因为只需缝合卡位A的底部和卡位中央的隔断就可以了。卡位周边的缝合、四周皮边的修整都留待将卡位缝到皮夹主体上之后一并进行。

04

用圆锥对准缝合基准线的起点和终点钻孔。

05

用菱錾在起点和终点间打出缝孔。

01

在卡位A的底边和主体粘贴基准线以上磨毛糙的粘贴区域涂抹白胶。

06

这是卡位A打好缝孔的样子。

要点

02

对准粘贴基准线，把卡位A粘到主体上，并用万能打磨器的长柄按压紧实。

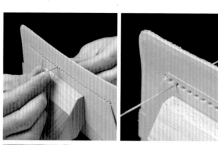

03

将间距规的间距设定为3mm，在卡位A上画出底部的缝合基准线。

07

将卡位主体和卡位A一起固定在手缝木夹上，开始缝合。缝完后，用木锤敲打针脚，使其匀称、美观。

08

将卡位 B 肉面朝上放置，将底部和两侧的粘贴区域磨毛糙，并涂抹白胶。

09

给卡位主体底部磨毛糙的粘贴区域也涂抹白胶。

10

在卡位 A 的两侧涂抹白胶，以便两侧粘在主体上。

11

将卡位 A 的两侧粘在主体上后，马上粘贴卡位 B，并用力按压，使其粘牢。

12

依照纸型，用圆锥标记中央隔断的缝合基准点，并用万能打磨器长柄的尖端画出缝合基准线。

13

这条缝合基准线贯穿三个部分。

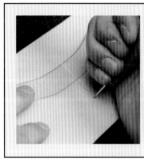

要点

14

用圆锥对准步骤 12 中的基准点钻孔。三个圆孔分别位于缝线的两端和卡位 A、B 重叠的边缘。

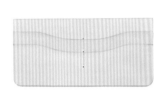

15

这是卡位上钻出三个圆孔的样子。

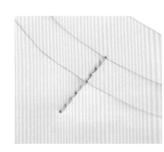

16

在圆孔之间打出缝孔，开始缝合。开头和最后两针以及有高度差的地方都要用回缝法缝合。

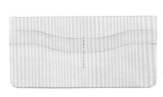

17

这是卡位制作完成的样子。周边留待以后与皮夹主体一起缝合。

主体

零钱袋

卡位①

纸钞位

组合

123

STEP3
卡位②

6卡位式

收纳功能强大的卡位

6 个卡位可以说是长皮夹所能配备的最多的卡位了。由于上下卡位的间隙变小，从插卡和抽卡的便利性来说，6 卡位不及 4 卡位，但是如果换用薄皮革来制作，应该能解决这一问题。此外，因为皮革的层数增加了，厚度也相应增加，所以建议将卡位 A、B 的底部斜着削薄再组装。放入的卡片越多，皮夹就越厚，大家选择卡位款式时要考虑到这一点。

将 3 层卡位从中间隔开，就得到了 6 个卡位。因为是有 3 层卡位要重叠，所以比起 4 卡位式，6 卡位式的上下卡位的间隙更小。

工具	
● 圆锥	● 床面处理剂
● 菱錾	● 帆布
● 替刃式裁皮刀	● 木锤
● 万能打磨器	● 手缝针 / 缝线 / 线蜡
● 橡胶板	● 手缝木夹
● 塑胶板	● 直尺
● 上胶片	● 间距规
● 白胶	● 玻璃板
● 打磨砂条	● 剪刀
● 棉棒	

原料

卡位A

卡位B

卡位主体

卡位C

卡位 A、B、C 使用 1mm 厚的植鞣牛皮，卡位主体使用 1.5mm 厚的植鞣牛皮。

▼ 处理各部分

本部分的工作是处理4个部分的肉面，修整必须提前处理好的皮边并打磨光滑。

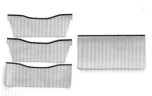

01

图中红线标示的就是必须提前处理好的皮边。

小贴士：削薄卡位的重叠区域

将距离卡位 A、B 底边约 10mm 的区域先斜着削薄，再组装，这样能够减小皮夹厚度，便于皮夹闭合。

02

给各部分的肉面涂抹床面处理剂。

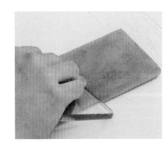

03

用玻璃板将肉面打磨光滑。

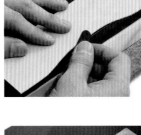

04

因为卡位使用了较薄的皮革，所以用打磨砂条修整皮边即可。

05

在皮边上涂抹床面处理剂，用帆布细细打磨。

06

这是处理好的各部分。一定要确认没有皮边被遗漏。

▼ 组装各部分

本部分的工作重点在于无缝隙地粘贴三层卡位。需要缝合的是卡位A、B的底边以及三层卡位中央的隔断。卡位周边的缝合以及皮边的修整留待将卡位缝到皮夹主体上之后一并进行。

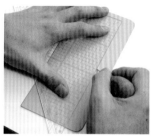

01

依照纸型,在主体上画出卡位A、B的粘贴基准线。

要点

02

将主体左右两侧要粘贴卡位A的区域磨毛糙。卡位A要粘贴在距离主体上端皮边10mm处。

03

依照粘贴基准线,把主体上的粘贴区域磨毛糙。把主体的侧边和底边也磨毛糙。

不磨毛糙　　　　　不磨毛糙

04

这是主体上所有的粘贴区域都磨毛糙的样子。注意,主体上端皮边以下10mm的区域不能磨毛糙。

05

把卡位A两侧的粘贴区域磨毛糙。

06

在卡位A底部的粘贴区域涂抹白胶。

07

在主体上粘贴卡位A的区域涂抹白胶。

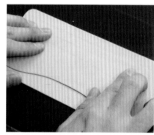

08

对准后把卡位A粘到主体上。

09

把间距规的间距设定为3mm,在卡位A上画出底部的缝合基准线。

10

紧贴着卡位A侧边的下端，用圆锥对准卡位主体上的缝合基准点钻孔。

14

对准后将卡位B粘到主体上。

11

在缝合基准点之间画出缝合基准线，用菱錾打出缝孔。

15

与缝合卡位A一样，用圆锥对准缝合基准点钻孔，画出缝合基准线，用菱錾打出缝孔。

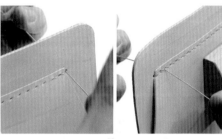

16

将卡位B的底部与主体缝合。

12

将卡位A和主体固定在手缝木夹上，开始缝合。开头和最后两针要用回缝法并绕边缝合（左上图和右上图）。缝完后，用木锤敲打针脚，使其匀称、美观。

17

缝合完成后，用木锤敲打针脚。

13

然后在主体和卡位B上的粘贴区域涂抹白胶。

小贴士

要将卡位A、B两侧的短边都粘在主体上，不要忘了在短边上涂抹白胶。

主体

零钱袋

卡位②

纸钞位

组合

18

将卡位 A、B 两侧的短边粘在主体上。

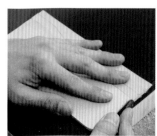

23

待白胶变干后，用打磨砂条修整粘贴好的皮边。

19

在主体周边磨毛糙的区域涂抹白胶，准备粘贴卡位 C。

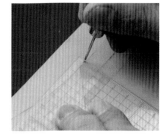

24

依照纸型，用圆锥标记出中央隔断的缝合基准点。

20

在卡位 C 磨毛糙的粘贴区域涂抹白胶。

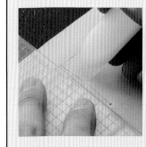

要点
25
用万能打磨器长柄的尖端画出缝合基准线。

21

对准后将卡位 C 粘到主体上。

26

用圆锥对准缝合基准点以及缝合基准线上有高度差的地方钻孔。

22

用万能打磨器的长柄按压，使其粘牢。注意，确保三层卡位两侧凸出的小块之间不留空隙。

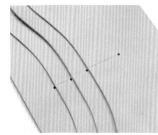

27

这是钻出 4 个圆孔之后的样子。

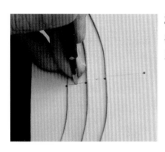

28
在缝合基准点之间用菱錾打出缝孔。

29
打出缝孔时，可以微调间距。间距匀称了，缝合后的针脚才美观。

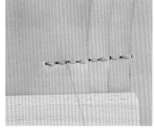

30
缝到最后一个缝孔后，回缝两针，固定线头。

31
最后用木锤轻轻敲打针脚。

小贴士：中央隔断的缝合方法

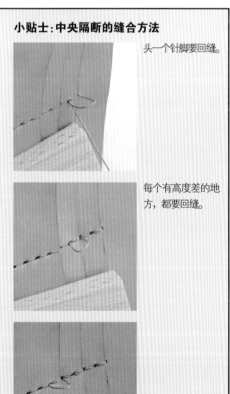

头一个针脚要回缝。

每个有高度差的地方，都要回缝。

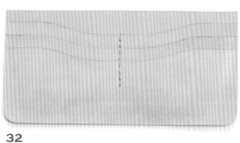

32
这是卡位制作完成的样子。周边留待与皮夹主体一起缝合。

主体

零钱袋

卡位②

纸钞位

组合

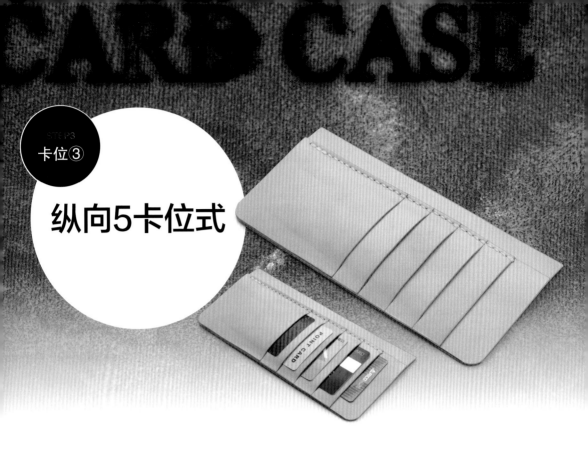

CARD CASE

纵向5卡位式

　　本款的卡位是纵向排列的，而且卡位主体与底片之间有较大的空间。各种卡纵向排列给人以整齐利落的印象。制作时要注意，因为5层卡位重叠在一起，所以要将重叠的区域削薄以减小厚度；缝合基准点较多，不要有遗漏。此外，还要根据卡位在皮夹上的安装方向相应地翻转纸型。

各种卡片纵向排列给人以整齐利落的印象。卡位主体与底片之间又长又大的空间可以收纳收据和发票等。

工具

- 圆锥
- 菱錾
- 替刃式裁皮刀
- 万能打磨器
- 橡胶板
- 塑胶板
- 上胶片
- 白胶
- 打磨砂条
- 棉棒
- 削边器
- 床面处理剂
- 帆布
- 剪刀
- 木锤
- 手缝针
- 缝线
- 手缝木夹
- 直尺
- 间距规
- 玻璃板

原料

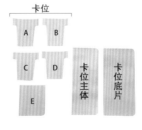

卡位

A　B
C　D
E　卡位主体　卡位底片

5个卡位使用1mm厚的植鞣牛皮，其余部分使用1.5mm厚的植鞣牛皮。若将卡位组装在皮夹左侧，就要将卡位E、卡位主体及底片的纸型翻过来放在皮革上做标记和裁切。

▼ 处理肉面和皮边

本阶段的工作是处理各部分的肉面以及打磨一部分必须事先处理好的皮边。此外，还要将5个T恤形状的卡位削薄以减小厚度。当然也可以不削薄而将它们直接粘起来，但这样整个卡位就太重了，会影响皮夹成品的品相。

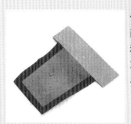

小贴士

削薄时，要把握力度和分寸，以免削破皮革，或者削得太薄而导致卡位延展变形。

01

图中红线标示的是必须提前打磨好的皮边。

02

将卡位上距离底边和两侧约10mm的区域斜着削薄。

小贴士

若把卡位看作T恤衫，即将"衣袖"（两侧突出来的短边）以下的三条边削薄。

03

因卡位较多，也可以将中间也削薄，这样能使皮夹整体的厚度更小。

04

在各卡位的肉面涂抹床面处理剂。

05

用玻璃板打磨。

06

卡位主体和底片的肉面也要打磨光滑。

07

用打磨砂条修整底片上端的皮边。

08

给皮边涂抹床面处
理剂。

09

用帆布细细地打磨
皮边。

10

5个卡位顶部的皮
边也要用打磨砂条
修整。

11

涂上床面处理剂，
用帆布细细打磨
光滑。

▼ 缝合各部分

　　将卡位A～D的底部先粘贴并缝到卡位主
体上，再粘贴这4个卡位的侧边和卡位E，然后
缝合卡位主体的左侧，最后将卡位主体与卡位
底片粘在一起，这样皮夹的整个卡位就制作完
成了。

01

依照纸型，在卡位
主体上用圆锥标记
出卡位A～D的粘
贴基准点。

02

依据粘贴位置将4
个卡位依次叠放在
主体上，并分别在
对应的基准点之
间连线。

03

把粘贴基准线以上
约3mm的区域用
打磨砂条磨毛糙。

小贴士

这是主体上粘贴各
卡位底边的区域磨
毛糙之后的样子。

04

将4个卡位底边以上约3mm宽的粘贴区域用打磨砂条磨毛糙，涂抹白胶，从最上方的卡位A开始粘贴。

05

卡位A粘好后，在距离其底边3mm处用间距规画出缝合基准线。

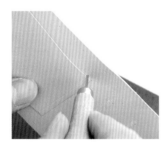

06

对准缝合基准线的两端，用圆锥在卡位主体上钻出两个圆孔。

07

沿着缝合基准线打出缝孔。

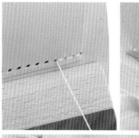

08

将卡位A和主体固定在手缝木夹上，用细线缝合。此处用的是聚酯线，开头和最后三针要回缝，然后剪断缝线，固定线头。用木锤敲打针脚。

小贴士

注意，从卡位B开始，卡位上端的皮边要紧挨上一个卡位"衣袖"的下边进行粘贴。

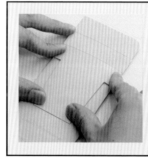

09

按照上述方法，分别粘贴和缝合卡位B、C、D。

10

这是将卡位A～D粘贴并缝合到主体上的正面和背面效果。

正面　　　　　背面

主体

零钱袋

卡位③

纸钞位

组合

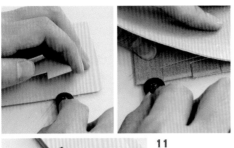

11

卡位 E 与其他卡位的形状不同。将主体两侧的粘贴区域、4 个卡位的 "衣袖" 及卡位 E 的侧边和底边分别用打磨砂条磨毛糙。

13

粘贴卡位 E，用打磨砂条修整粘贴好的皮边。

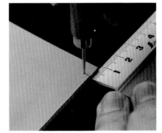

14

在距离主体底边 7mm、距离左侧边缘 3mm 的位置用圆锥钻孔。

12

在卡位 A ~ D 的 "衣袖" 肉面涂抹白胶，将它们粘到主体上。

15

将间距规的间距设定为 3mm，在左侧边缘画出缝合基准线（可将部件上下颠倒后画线，图中右手处即卡位的左侧边缘）。

小贴士

上下卡位的 "衣袖" 间尽量不留空隙。用万能打磨器的长柄按压粘贴区域，使其粘得更牢。

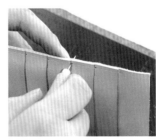

16

对准相邻卡位重叠的边缘，用圆锥钻出圆孔。

17

在圆孔之间，用菱錾压出缝孔印记。

21

在修整好的皮边上涂床面处理剂，用帆布细细打磨。

18

打出缝孔。

要点

22

将整个卡位放在底片上，用圆锥标记出粘贴区域。

19

将各卡位和主体一起固定在手缝木夹上，开始缝合。每个有高度差的地方都要回缝。缝完后，用木锤敲打针脚。

23

按照步骤22中的标记，把底片正面和卡位背面的粘贴区域磨毛糙。

24

涂抹白胶，将两部分粘起来。

20

缝合好的皮边比较厚，所以要先用削边器削边，再用打磨砂条修整。

25

这是皮夹的整个卡位制作完成的样子。周边留待与皮夹主体一起缝合。

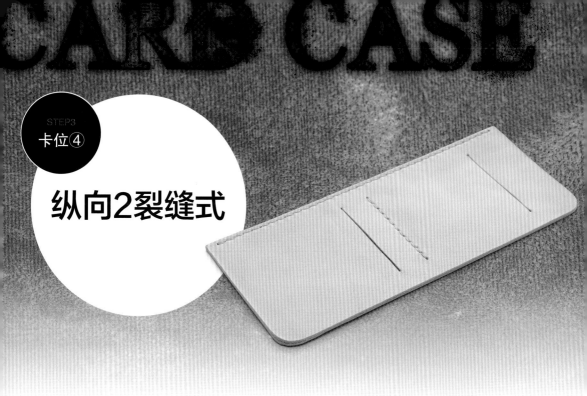

STEP3
卡位④

纵向2裂缝式

轻薄的纵向卡位设计

　　本款卡位设计简单，只需将两块皮革粘贴起来，然后在表面割出两道裂缝即可。虽然可容纳的卡片少，但是胜在轻薄。制作时要在外皮上划出裂缝，还要在裂缝的两端用圆冲打孔，以使卡位更耐用。注意，必须根据卡位的安装方向相应地翻转纸型。

因为卡位不是重叠在一起的，所以即使装上卡片也不会觉得厚度增加。

工具	
• 圆锥	• 手缝木夹
• 帆布	• 上胶片
• 菱錾	• 直尺
• 木锤	• 白胶
• 替刃式裁皮刀	• 玻璃板
• 万能打磨器	• 打磨砂条
• 缝线 / 手缝针 / 线蜡	• 间距规
• 橡胶板	• 床面处理剂
• 削边器	• 剪刀
• 塑胶板	• 圆冲（2 号）
• 棉棒	

原料

卡位表皮

卡位里皮

　　卡位的表皮和里皮使用1.5mm 厚的植鞣牛皮。表皮和里皮形状相同，使用同一个纸型，只是表皮上要割出裂缝、压出缝孔印记。这款卡位是为组装在皮夹右侧设计的，若要组装在左侧，要将纸型翻转过来使用。

▼ 制作裂缝式卡位

本款卡位制作简单，在表皮上割出裂缝后，缝合表皮和里皮即可。除了缝合4条边（此时先缝合一条，另外3条在与主体组装时缝合），还要将表皮和里皮的中部缝合起来，这样可以在上下两个卡位之间形成隔断，并防止上方装的卡片掉进夹层中。

01

在两块皮革的肉面涂抹床面处理剂，用玻璃板打磨光滑。

02

依照纸型，用圆锥标记裂缝的两端并将标记连成切割线。

要点

03

用2号圆冲（直径0.6mm）对准裂缝两端的标记打孔，再用替刃式裁皮刀将切割线划开。

04

用打磨砂条修整裂缝处的皮边，涂上床面处理剂，用帆布打磨光滑。

05

将表皮和里皮肉面上距离皮边约3mm的区域磨毛糙并涂抹白胶，将两者粘起来，用万能打磨器的长柄按压，使其粘得更牢。

06

用打磨砂条修整粘贴后的皮边。

07

依照纸型，用万能打磨器长柄的尖端在表皮中央的缝合基准点之间画出缝合基准线。

主体

零钱袋

卡位④

纸钞位

组合

08

将一条侧边定为里边，依照纸型在其内侧用圆锥标记缝合基准点，用间距规画出缝合基准线。

09

用圆锥对准缝合基准点钻孔。

10

沿着步骤 07 画出的缝合基准线打出缝孔。两端用圆锥钻出圆孔，中间部分用菱錾打孔。

11

沿着步骤 08 画出的缝合基准线用菱錾打出缝孔。

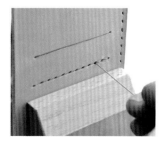

12

先缝合中央的隔断。

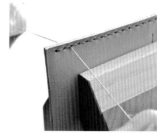

13

然后缝合里侧那条长边。

14

缝合完成后，用木锤敲打针脚。

15

用削边器给缝合后的里侧边削边。

16

用打磨砂条修整。

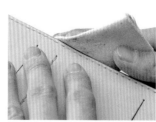

17

用棉棒给皮边涂上床面处理剂，用帆布打磨光滑。

STEP4

制作纸钞位

　　纸钞位的安装位置、数量、容量等都可以自行设计。我们通常利用纸钞位皮革或侧片，在零钱袋和皮夹主体之间制造纸钞位，但是也可以将纸钞位安装在卡位一侧。大家可以根据自己的使用习惯，将纸钞位安装在合适的位置。

 140　**纸钞位①： 超薄式**

 143　**纸钞位②： 标准式**

 147　**纸钞位③： 超大容量式**

超薄式

组装便捷，适合新手

　　现代生活中使用纸钞的机会越来越少，我们完全可以将纸钞位做得尽量薄一些。先将两块皮革缝合起来，再分别缝到零钱袋和皮夹主体上，就形成了两个纸钞位。两块皮革上缝线内的区域还可以作为卡位，进一步增强了皮夹的收纳功能。不过，由于没有加装侧片，纸钞位无法大幅度开合。它的特点在于缝合简单、组装容易，因此，新手可以从这种款式做起。

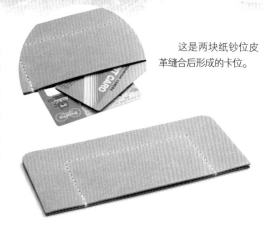

这是两块纸钞位皮革缝合后形成的卡位。

工具		原料	

工具

- 圆锥
- 菱錾
- 替刃式裁皮刀
- 万能打磨器
- 橡胶板
- 塑胶板
- 上胶片
- 白胶
- 打磨砂条
- 剪刀
- 床面处理剂
- 帆布
- 夹子
- 木锤
- 手缝针 / 缝线 / 线蜡
- 手缝木夹
- 直尺
- 棉棒
- 玻璃板

原料

纸钞位A

纸钞位B

这两块皮革形状相同，都使用 1.5mm 厚的植鞣牛皮。

▼ 处理各部分

　　首先处理两块皮革的肉面以及皮边。本款纸钞位有一定的容量而且使用方便，但是组成部分非常少，制作方法也比较简单，大家要认真处理各部分。

01
在两块皮革的肉面均匀地涂抹床面处理剂。

02
用玻璃板将肉面打磨光滑。

03
图中红线标示的就是必须事先处理好的皮边。

04
用打磨砂条轻轻修整皮边。

05
在皮边上涂抹床面处理剂。

06
用帆布细细地打磨皮边。

▼ 缝合各部分

缝合之前不用将两块皮革粘在一起，只用夹子固定即可，因此打缝孔时要注意观察，如果两块皮革移动位置，缝孔也会随之错位，那么缝合好的纸钞位就会变形。

01

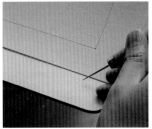

将纸型覆盖在皮革上，用圆锥标记出缝合基准点。

02

依照纸型，用万能打磨器长柄的尖端连出两侧以及底部的缝合基准线。

要点
03

将两块皮革粒面相对叠放在一起，用夹子固定。

04

用圆锥对准基准点钻孔，要刺穿两层皮革。

05

用菱錾打出缝孔。

06

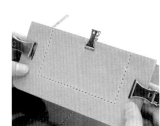

打孔时，一定不能让两块皮革移动位置。这是打好缝孔的样子。

07

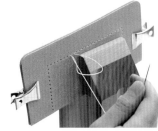

将两块夹皮固定在手缝木夹上，开始缝合。注意，开头和最后两针要回缝，边缘处要绕边缝两次。

08

用木锤轻轻地敲打针脚，使其匀称、美观。

09

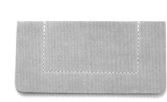

这是缝合完成的样子。将其缝在零钱袋与皮夹主体之间，就能形成两个纸钞位（与零钱袋的缝合见第172页）。

STEP4
纸钞位②

标准式

容量适中，使用方便

　　这款纸钞位是由零钱袋底片与皮夹主体之间加装侧片形成的，也是纸钞位的标准款。侧片的加装使得纸钞位开口变大，这样不仅方便放入和拿出纸钞，也方便查看内部情况。制作时，将侧片对折，分别缝到零钱袋底片和皮夹主体上即可。侧片构造简单，除了与皮夹主体缝合时需要一点儿技巧外，制作起来应该没什么问题。侧片的大小关系到纸钞位开口的大小，大家可以根据自己的需要和使用习惯，自行决定其大小。

开口大，方便查看纸钞位的内部情况，是这款纸钞位的亮点。

工具	
• 圆锥	• 打磨砂条
• 菱錾	• 床面处理剂
• 替刃式裁皮刀	• 帆布
• 万能打磨器	• 木锤
• 橡胶板	• 手缝针 / 缝线 / 线蜡
• 塑胶板	• 手缝木夹
• 玻璃板	• 直尺
• 上胶片	• 间距规
• 白胶	• 棉棒
• 剪刀	

原料

侧片　　零钱袋　　侧片

侧片使用 1mm 厚的植鞣牛皮。

▼ 处理侧片

先处理侧片的肉面及上端的皮边。侧片对折后要分别缝在零钱袋和皮夹主体上，所以在此阶段还要对折侧片，压出折痕。

小贴士

先将侧片的底部斜着削薄，再粘贴、缝合，这样可以减小厚度，利于皮夹闭合。

01

在侧片肉面涂抹床面处理剂。

02

用玻璃板打磨。

03

用打磨砂条修整侧片上端的皮边，涂上床面处理剂，用帆布打磨出光泽。

04

将侧片肉面朝外，使上端皮边对齐，纵向对折。

05

展开侧片，用万能打磨器的尖端沿着折痕画出折叠线。

06

沿着折叠线再次对折侧片。

07

用木锤敲打侧片，加深折痕。

▼ 缝合侧片

将侧片缝到零钱袋的底片上。侧片夹在零钱袋与皮夹主体之间，一侧缝在零钱袋底片上，另一侧缝在皮夹主体上。

01

将零钱袋底片两侧的粘贴区域用打磨砂条磨毛糙。

02

把侧片上的粘贴区域磨毛糙。

03

在零钱袋底片和侧片磨毛糙的区域涂抹白胶。

04

对准后把两部分粘起来。

05

用万能打磨器的长柄按压粘贴区域，使其粘得更牢。

06

用打磨砂条修整粘贴后的皮边。

07

按同样的方法粘贴另一侧的侧片。这是零钱袋底片上粘上侧片的样子。

08

将间距规的间距设定为3mm，在零钱袋底片的粒面画出缝合基准线。

主体

零钱袋

卡位

纸钞位②

组合

09

沿着缝合基准线打出缝孔之前，把侧片展开。

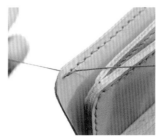

14

缝到最后一个缝孔后，回缝两针，固定线头。

10

紧挨侧片下端，用圆锥对准零钱袋底片上的缝合基准点钻孔。

15

用木锤轻轻地敲打针脚。

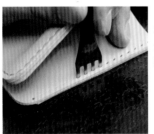

11

在侧片顶部皮边与步骤10钻出的圆孔之间，用菱錾打出缝孔。

16

掀开零钱袋，侧片缝好后是这样的。

12

这就是打好缝孔的样子。

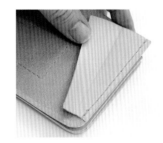

17

这是从侧片这一侧看到的样子。

13

如果使用麻线，头两针要回缝。注意，第一个针脚要绕边缝合。

18

按此方法缝上另一侧的侧片。这是在零钱袋底片两侧缝上侧片的样子。侧片缝到皮夹主体上就会形成纸钞位。

超大容量式

4 折侧片带来超大容量

　　4 折侧片增加了纸钞位的容量，但同时也增加了皮夹的厚度。这款侧片由一条细长的皮革 4 折而成，还需折成圆角。注意，折叠侧片是在润湿皮革之后进行的，必须等皮革彻底干燥后才能进行下一步。此外，还要记住打出缝孔的顺序，先在零钱袋底片或皮夹主体上打出缝孔，待粘上侧片后，再用菱锥插入缝孔，刺穿侧片。

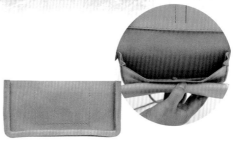

侧片是 4 折的，拉开后，大大增加了纸钞位的容量。

工具	
• 清水 / 海绵	• 手缝针 / 缝线 / 线蜡
• 木锤	• 间距规
• 圆锥	• 手缝木夹
• 菱锥	• 打磨砂条
• 万能打磨器	• 床面处理剂
• 白胶	• 帆布
• 上胶片	• 替刃式裁皮刀
• 菱錾	• 剪刀
• 塑胶板	• 棉棒

原料

侧片

侧片使用 1.5mm 厚的植鞣牛皮，裁切成宽 4cm、长 40cm 的皮条。

用水打湿皮条，折叠出侧片。由于皮革具有可塑性，所以干燥后可以长久保持折好的形状。皮条纵向 4 折，还要折成圆角。注意，要保证皮革充分湿润，若湿度不够，皮革不够柔软，就很难折出圆角。

01

用海绵蘸一些清水擦拭皮革肉面，使皮革充分湿润。

02

如图，将皮条先肉面朝内对折，再粒面朝内对折，最终形成 4 折。

03

用木锤敲打皮条，加深折痕，使其保持 4 折状态。

04

如图，从横截面来看，折好的侧片呈"M"形。

05

将侧片中点对准零钱袋底片底边上的中点。

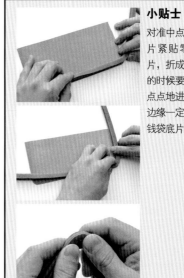

小贴士

对准中点后，将侧片紧贴零钱袋底片，折成圆角。折的时候要小心，一点点地进行，侧片边缘一定要紧贴零钱袋底片边缘。

06

这是侧片与零钱袋底片完全贴合的样子。保持这一形状，直至皮革完全干燥。

▼ **缝合侧片与零钱袋底片**

此时要将侧片缝到零钱袋上。先在零钱袋底片上打出缝孔，粘好侧片后，再将菱锥插入缝孔，刺穿侧片，因为侧片与零钱袋底片缝合后，就很难再打孔了。

01

这是零钱袋和折好的侧片。

02

把零钱袋底片上的粘贴区域用打磨砂条磨毛糙。

03

用间距规在零钱袋底片的粒面画出缝合基准线。

04

沿着缝合基准线用菱錾打出缝孔。

05

确认零钱袋底片底边和侧片底边的中点，用圆锥做标记。

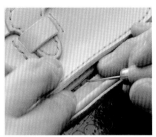

06

在零钱袋底片和侧片的粘贴区域涂抹白胶。

07

对准步骤05标记的中点，从中央开始向两边仔细粘贴。

08

用万能打磨器的长柄按压粘贴区域，以便牢固粘贴。

09

用打磨砂条修整粘贴后的皮边。

主体

零钱袋

卡位

纸钞位③

组合

10

贴着零钱袋底片上端的皮边，裁去侧片上多余的部分。

15

头两针要用回缝法缝合。第一个针脚要绕边缝合。

11

用打磨砂条修整侧片顶部的皮边。

16

侧片与零钱袋底片的缝合位置在皮层中间，缝合时一定要扒开侧片的叠层和零钱袋，以免其被缝针扎伤。

12

给皮边涂抹床面处理剂，用帆布细细打磨。

小贴士

这是缝合时的侧视图。

要点

13

左手扒开侧片的叠层，右手握住间距规，在侧片上距皮边3mm处画出缝合基准线。

17

缝完后，用万能打磨器长柄的尖端按压针脚，使其整齐、匀称。

14

将菱锥插入零钱袋底片上的缝孔中，刺穿侧片。

18

这是缝合完成的样子。侧片的另一侧将与皮夹主体进行缝合。

STEP5

组　合

用线将皮夹主体、零钱袋、卡位、纸钞位等部件组合起来，最后修整一下缝合好的皮边，整个皮夹就制作完成了。

152 **组合①：光面皮夹（主体①）**

160 **组合②：插扣皮夹（主体④）**

170 **组合③：搭扣锁边皮夹（主体③）**

182 **组合④：机车风格皮夹（主体⑥）**

192 **组合⑤：装饰扣皮夹（主体⑤）**

光面皮夹

（主体①）

基本款长皮夹

　　本款皮夹由光面主体、带四合扣的袋盖式零钱袋和纵向5卡位式卡位组合而成。虽然没有特意设计纸钞位，但是零钱袋的袋盖与后身缝合后形成的夹层可以放纸钞，所以不必担心。制作这款皮夹时，要将零钱袋和卡位分别缝到主体上，这与缝合一整圈的方法相比，不仅缝合距离短、便于操作，而且缝线穿过缝孔的次数减少，大大减小了缝线的磨损程度。注意，缝合零钱袋所需的基准点较多，要仔细确认，不要遗漏。

工具	
• 圆锥	• 床面处理剂
• 万能打磨器	• 帆布
• 橡胶板	• 木锤
• 塑胶板	• 缝线 / 手缝针 / 线蜡
• 上胶片	• 手缝木夹
• 白胶	• 间距规
• 削边器	• 棉棒
• 打磨砂条	• 菱錾
• 剪刀	

选择大容量部件

光面主体可以和任何款式的零钱袋、卡位以及纸钞位组合，但是因为主体上没有安装锁具，考虑到皮夹装入包中后里面的物品有可能掉出来，所以推荐选择带四合扣或插扣的零钱袋。

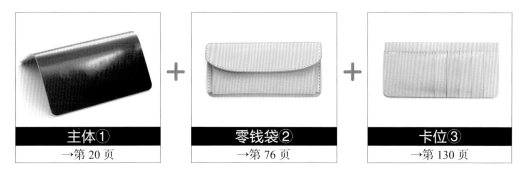

主体① →第 20 页　　＋　　零钱袋② →第 76 页　　＋　　卡位③ →第 130 页

确保收纳性强

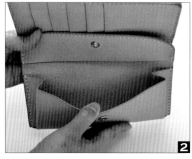

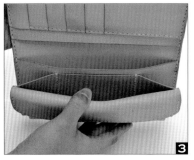

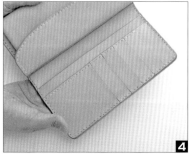

1 零钱袋袋盖上安装四合扣更安全。

2 零钱袋上的侧片确保开口大、容量大。

3 这两处空间可以存放纸钞。虽然没有侧片，开口较小，但皮夹的厚度较小。

4 纵向 5 卡位确保放卡片的空间充足。

此阶段的工作是把零钱袋和卡位粘到主体上。本款皮夹没有在零钱袋底片上加装侧片，而是将零钱袋底片直接缝到主体上来形成纸钞位。

05

然后在零钱袋和卡位的肉面，将两侧及底部的粘贴区域磨毛糙。

01

这是卡位、零钱袋以及主体。纸钞位就是零钱袋底片与主体缝合后形成的空间。

06

先粘贴零钱袋。在主体的粘贴区域涂抹白胶。

02

把零钱袋放在主体内侧，用圆锥标记出安装位置。

07

在零钱袋的粘贴区域涂抹白胶。

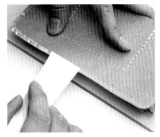

03

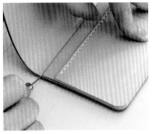

把卡位放在主体内侧的另一边，同样用圆锥标记出安装位置。

08

对齐边缘，将两部分粘起来。

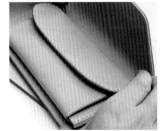

要点

04

先按照步骤02、03中的标记，把主体上的粘贴区域磨毛糙。

09

用万能打磨器的长柄按压粘贴区域，使其粘得更牢。

10

然后粘贴卡位。在主体的粘贴区域涂抹白胶。

11

在卡位的粘贴区域涂抹白胶。

12

对齐边缘，将两部分粘起来。

13

用万能打磨器的长柄按压粘贴区域，使其粘得更牢。

14 这是零钱袋和卡位粘到主体上的样子。

▼ 打出缝孔

本款皮夹的主体使用的是深蓝色的马臀革，不能用挖槽器挖出线槽，只能用间距规画出缝合基准线。如果使用植鞣牛皮，可以用挖槽器挖出线槽。

01

把粘贴好的皮边用打磨砂条打磨平整。

要点

02

如果主体使用的是马臀革、蛇皮等稀缺的高档皮革，就不能用挖槽器挖出线槽，只能用间距规画出缝合基准线。

03

在内侧也画出卡位和零钱袋的缝合基准线。

主体

零钱袋

卡位

纸钞位

组合①

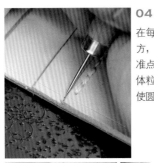

04

在每一个有高度差的地方，用圆锥对准缝合基准点钻孔。将圆锥从主体粒面再次刺入，用力使圆孔扩大（下图）。

小贴士

打出缝孔时把皮革边角料插入有高度差的地方，使高度一致，这样不仅容易打孔，而且打出的缝孔也不会变形。

06

注意，如果圆孔的间距很小，就要仔细调整缝孔间距再正式打錾。

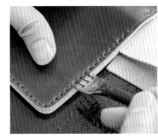

小贴士

这是主体上零钱袋一侧的圆孔。

这是主体上卡位一侧的圆孔。

07

主体表皮和里皮是折起后粘在一起的，将橡胶板垫在下面，便于打出缝孔。

08

打零钱袋一侧的缝孔时，也要将橡胶垫插入零钱袋后身与底片之间，以免损伤零钱袋。

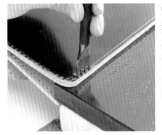

05

在圆孔之间用菱錾打出缝孔。打孔时可以微调间距，使缝孔均匀分布。

09

这是主体打好缝孔的样子。

▼ 缝合各部件

制作皮夹时，要围绕主体皮边缝合一周。如果要一次缝完，就必须准备很长的缝线，但是缝线频繁穿过缝孔会有所磨损。因此，此处采用分区缝合法，即分别缝合卡位和零钱袋。注意，每个缝合基准点都要进行回缝。

01

用聚酯线缝合。先缝合零钱袋。将缝针插入起点，用平缝法缝合。因为之后缝合卡位时会经过这个缝孔，所以不用回缝。

02

最后回缝两针，主体粒面一侧的缝针还要继续回缝一针，这样两根缝针都位于主体内侧。然后剪断缝线，固定线头。

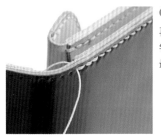

03

再缝合卡位。将缝针穿过零钱袋上的最后一个缝孔。

小贴士

这是从主体内侧看到的缝合卡位时的起针状态。

04

有高度差的地方及每个基准点都要用回缝法缝合。

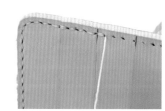

05

这是从内侧看到的回缝效果。注意确认回缝的位置。

06

缝到最后一个缝孔后，继续向前平缝一针，与零钱袋的第一个针脚重合。

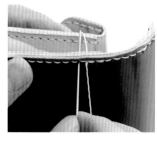

07

主体粒面一侧的缝针继续往前缝一针，这样两根缝针都位于主体内侧。

08

然后剪断缝线，留下2mm长的线头。

09
用打火机烧熔、固定线头。

10
用木锤敲打针脚，使其匀称、美观。

11
这是主体皮边缝合一周的样子。这样，组装工作就基本完成了。

▼ 修整皮边

缝完后，要对缝好的皮边做最后的修整，同时还要修整零钱袋的皮边。因为这时的修整关系到成品的品相，所以务必精心，必要的话，打磨 2 ~ 3 次。

01
除主体皮边以外，其他皮边都要用削边器进行削边。

02
用打磨砂条进一步修整。

小贴士
因主体使用的是马臀革、蛇皮等稀缺的高档皮革，最好不要用削边器，而是用打磨砂条小心修整皮边。

03
同时修整零钱袋的皮边。

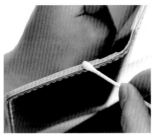

04

给修整好的皮边涂抹床面处理剂。不要让床面处理剂沾染主体正面。

05

用帆布细细打磨出光泽。

06

确认所有的皮边都修整完毕。这样，整个皮夹就制作完成了。

STEP5
组合②

插扣皮夹

（主体④）

极具实用性

　　本款插扣皮夹由主体、带侧片和拉链的零钱袋、6 卡位式卡位和纸钞位的两片侧片（侧片将零钱袋底片与主体后身连在一起，形成纸钞位）组合而成，并采用一根线缝合一周的方法来组装各部件。大开口的纸钞位和零钱袋使用方便，最适合平时携带。插扣式设计保证了皮夹的安全性，即使皮夹装在包中也不会在无意中打开。这款皮夹外表朴实无华，无论男女都可以使用。

工具

- 圆锥
- 菱錾
- 菱锥
- 万能打磨器
- 橡胶板
- 塑胶板
- 上胶片
- 白胶
- 削边器
- 三角研磨器
- 打磨砂条
- 床面处理剂
- 帆布
- 木锤
- 缝线 / 手缝针 / 线蜡
- 手缝木夹
- 间距规
- 棉棒
- 剪刀

长扣带与大容量部件的组合

不管内部部件多么厚，主体上长长的扣带都能安全地闭合皮夹。本款皮夹是由主体、带侧片和拉链的零钱袋、6卡位式卡位和纸钞位的两片侧片组合而成的。

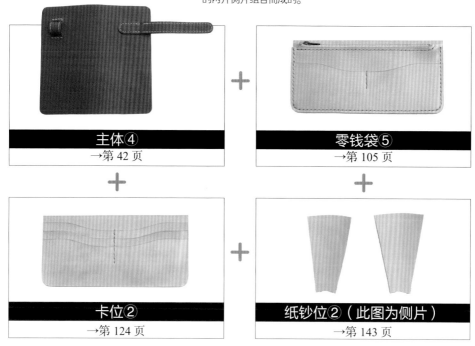

主体④
→第42页

零钱袋⑤
→第105页

卡位②
→第124页

纸钞位②（此图为侧片）
→第143页

使用带有侧片的大开口部件

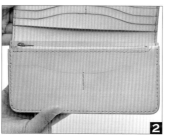

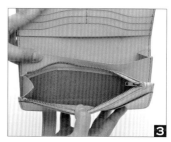

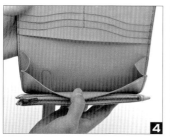

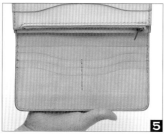

1 长扣带适用于各种厚度的皮夹。

2 零钱袋上装有卡位。

3 零钱袋前后身之间加装了一个侧片，使开口变大，便于使用。

4 纸钞位两侧加装了侧片，使其容量增大。

5 横向6卡位的设计增加了皮夹的厚度，但保证了放卡片的空间。

先把每一处粘贴区域都磨毛糙。本款皮夹的零钱袋底片两侧加装了侧片，要先在主体上打出缝合侧片的缝孔，再把侧片粘到主体上。

01

这是要粘在一起的卡位、底片上加装了侧片的零钱袋和主体。

02

打开主体，把卡位、零钱袋放在各自的位置上，用圆锥做标记。

03

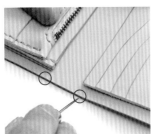

注意，不是用圆锥钻孔，而是做标记。尽量轻压圆锥，自己能看清印记即可。

04

把主体上粘贴卡位以及侧片的区域磨毛糙。

05

先把卡位上的粘贴区域磨毛糙，再把零钱袋侧片上的粘贴区域磨毛糙。

06

在主体的粘贴区域涂抹白胶。

07

在卡位的粘贴区域涂抹白胶。

08

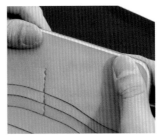

对齐边缘，把卡位粘到主体上，按压粘贴区域，使其粘得更牢。

09

在主体上粘贴侧片的区域涂抹白胶。因为要在主体上打出侧片的缝孔，所以此时不能把零钱袋底片的底边和主体粘在一起。

10

在侧片的粘贴区域涂抹白胶。

11

对齐边缘，把侧片粘到主体上。

12

用万能打磨器的长柄按压粘贴区域，使其粘得更牢。

13

用打磨砂条把粘贴后的皮边打磨平整。

要点

14

在主体正面用间距规画出侧片的缝合基准线。

15

用圆锥对准侧片两端的缝合基准点钻出圆孔。

16

在基准孔之间用菱錾打出缝孔。

小贴士

利用橡胶板制造高度差，在主体粒面打出缝孔，以免伤到零钱袋。

在主体两侧缝合侧片的位置打出缝孔。

17

在主体上打好侧片的缝孔后，接着要将零钱袋底片的底部与主体粘在一起。

主体

零钱袋

卡位

纸钞位

组合2

163

18
在零钱袋底片的底部和主体的粘贴区域均匀涂抹白胶。

19
对齐边缘，把两部分粘贴起来。

20
用万能打磨器的长柄按压粘贴区域，使其粘得更牢。

21
然后用三角研磨器修整整个皮夹外侧的皮边。

22
用间距规在主体上画出零钱袋底片的缝合基准线。

23
沿着缝合基准线打出缝孔。

24
在主体上画出卡位的缝合基准线。

要点
25
再在皮夹里侧画出缝合基准线（左上图）。在有高度差的地方用圆锥对准缝合基准点钻孔（右上图）。将圆锥从主体粒面刺入，使孔扩大（左图）。

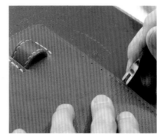

26
在基准点之间，用菱錾调整间距，压出缝孔印记。

27
对准印记用 1 齿或 2 齿菱錾打出缝孔。

28
在弯曲状态下粘贴的中央部分要用菱锥钻孔。

29
多层皮革重叠部分的边缘，不能强行打孔，以免缝孔变形。先轻轻敲打菱錾，再用菱锥钻透缝孔。

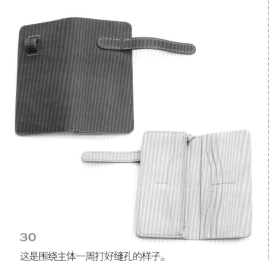

30
这是围绕主体一周打好缝孔的样子。

▼ 缝合

这次采用一根缝线缝合一周的方法。如果担心缝线磨损，可以参照第 157 页光面皮夹的分区缝合方法，分别缝合卡位与零钱袋。

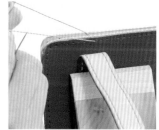

01
将主体固定在手缝木夹上，从被扣带遮盖的位置开始缝合。因为要缝合一周，所以不必回缝。

02
使用平缝法朝皮夹顶部缝合，一直缝到侧片底部的前一个缝孔。

03
将主体里侧的缝针插入零钱袋底片上紧挨着侧片底部的缝孔。从粒面拔出缝针，拉紧缝线。

小贴士
这是从主体里侧看到的样子。缝针插入零钱袋底片上紧挨着侧片底部的缝孔（左图），从粒面穿出（右图）。

主体

零钱袋

卡位

纸钞位

组合 2

要点

04

将原本就在主体粒面一侧的缝针插入下一个缝孔，并从主体里侧穿出来。

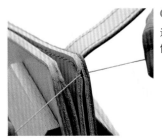

05

这是缝针从主体里侧穿出来的样子。

06

将此时位于主体粒面一侧的缝针回缝一针，来到里侧。

07

来到里侧的缝针重复步骤 03 的走针方法，使缝针再次来到主体粒面。按照平缝法继续缝合。

08

缝到侧片顶部的缝合基准点时要回缝一针。

09

卡位一侧有高度差的地方也要回缝。

小贴士

这是从主体粒面看到的缝合时的样子。

10

然后围绕主体缝合一周，来到最后一个缝孔。

11

继续往前缝，两根缝针交替穿过起针的缝孔。

12

再往前缝两针。如图，有两个针脚有两道缝线穿过。

13

贴着针脚剪断缝线。

14

用木锤轻轻地敲打针脚。

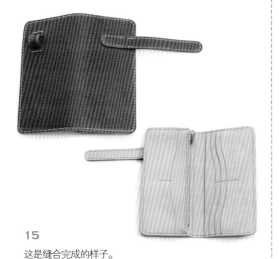

15

这是缝合完成的样子。

▼ 修整皮边

最后还要修整缝合后的皮边。先用削边器削边，再用打磨砂条修整。最后涂上床面处理剂，用帆布打磨出光泽，可以根据需要重复打磨。

01

用打磨砂条仔细地修整皮边。

02

把所有的皮边都打磨平整。

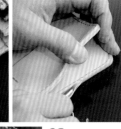

03

用削边器削边。

要点

04

修整侧片的皮边时，一定要掀开折叠处分别修整。注意不要误伤主体。

08

最后的皮边修整关系到皮夹的品相，一定要精心修整每一处。

05

给修整后的皮边涂抹床面处理剂。

09

修整完所有的皮边后，这款插扣皮夹就制作完成了。

06

用帆布细细打磨每一处皮边。

07

要掀开侧片的折叠处，给皮边涂抹床面处理剂。

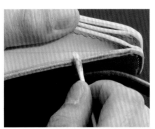

缝线的颜色至关重要

缝线的颜色和种类对皮夹的设计也是至关重要的。如果想要针脚醒目，鲜艳的皮革要使用暗一点儿的缝线，反之，灰暗色调的皮革要使用色彩艳丽的缝线；如果不想突出针脚，可以使用与主体皮革同色系的缝线。缝线的粗细、种类以及缝孔的间距等都会影响针脚的外观，建议大家选取不同的缝线在皮革的边角料上模拟缝合，再决定使用何种缝线。

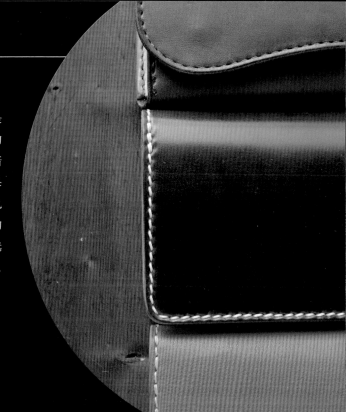

皮线锁边赋予皮夹与众不同的外观

有时换一个部件就可以改变皮夹的外观，同样，用皮线锁边或用其他缝线缝合也会给人以不同的印象。皮线锁边可以很好地装饰皮夹，但皮线锁边的皮夹要比用其他缝线缝合的大一圈，显得比较厚重，而且皮线锁边的皮夹更容易磨损。即便是按照同一纸型来制作皮夹，一个用皮线锁边，另一个用其他缝线缝合，最终的成品风格也大不相同。大家可以根据自己的需求和喜好选择。

搭扣锁边皮夹

（主体③）

皮线锁边使皮夹更具有厚重感

　　这是一款用牛仔扣闭合的搭扣长皮夹，围绕主体一周使用了双缠法进行皮线锁边。本款皮夹使用的是第 30 页介绍的"光面＋搭扣式（锁边）"主体，这款主体上的扣带就是用皮线锁边的。本款皮夹选择的零钱袋和卡位都是基本款的，选择的纸钞位是超薄的。皮线锁边可以使皮夹更具有厚重感。

工具	
• 圆锥	• 替刃式裁皮刀
• 万能打磨器	• 床面处理剂
• 平錾（齿距 3mm）	• 帆布
• 橡胶板	• 木锤
• 塑胶板	• 手缝针／缝线／线蜡
• 上胶片	• 间距规
• 白胶	• 一字螺丝刀
• 万能胶	• 皮线针（直径 3mm）
• 削边器	• 皮线锥
• 打磨砂条	• 剪刀
• 棉棒	

皮线锁边适用于由薄部件组合而成的皮夹

皮线锁边会导致皮夹增大一圈，若再使用比较厚的部件，牛仔扣可能无法闭合，所以要使用比较薄的部件，本款皮夹使用了最简单的袋盖式零钱袋、4卡位式卡位以及超薄式纸钞位。

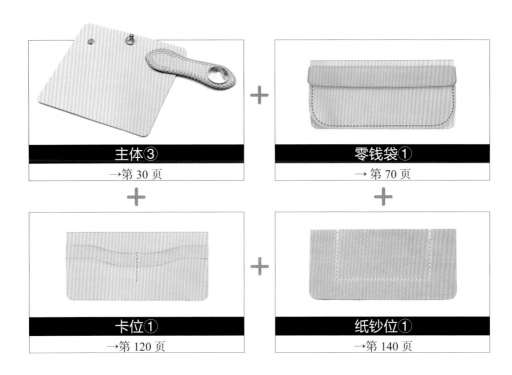

主体③
→第30页

零钱袋①
→第70页

卡位①
→第120页

纸钞位①
→第140页

基本款的各种部件

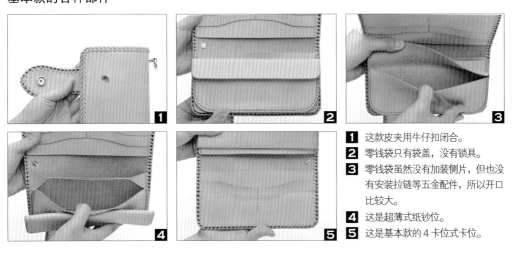

1 这款皮夹用牛仔扣闭合。
2 零钱袋只有袋盖，没有锁具。
3 零钱袋虽然没有加装侧片，但也没有安装拉链等五金配件，所以开口比较大。
4 这是超薄式纸钞位。
5 这是基本款的4卡位式卡位。

▼ 缝合零钱袋与纸钞位

　　本阶段的工作是把纸钞位与零钱袋缝合起来。此时要缝合的是组成纸钞位的一块皮革与零钱袋的底片，之后，组成纸钞位的另一块皮革与主体缝合起来时，就会形成另一处纸钞位。组成纸钞位的两块皮革与零钱袋底片的大小相同，要将除上边外的其余3条边缝合起来。

01

这是要缝在一起的零钱袋和纸钞位。

02

把零钱袋和纸钞位上的粘贴区域（除上边外）用打磨砂条磨毛糙。

小贴士

磨锉零钱袋底片的粘贴区域时，可以把橡胶板插入底片和零钱袋之间，这样方便操作。

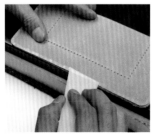

03

然后在零钱袋和纸钞位的粘贴区域涂抹白胶。

04

对齐边缘，把两部分粘贴起来。

05

用万能打磨器的长柄按压粘贴区域，使其粘得更牢。

06

用打磨砂条修整粘贴好的皮边。

07

在零钱袋底片上用间距规画出缝合基准线。

要点

08

把上层和下层的皮革隔开，只在刚粘起来的两层皮革上打出缝孔。

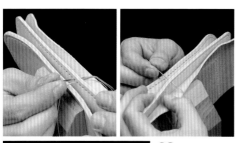

主体

零钱袋

卡位

纸钞位

组合③

▼ 粘贴主体与各部件

接下来要把卡位和缝上纸钞位的零钱袋粘到主体上，并打出缝孔。注意，打好缝孔后，要修整、打磨主体的皮边。此外，锁边的终点处要预留 2cm 长的区域不粘贴。

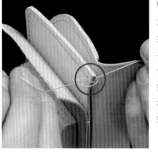

09

将粘在一起的零钱袋和纸钞位固定在手缝木夹上开始缝合。边缘处要绕边缝合。注意，开头和最后两针要用回缝法缝合。

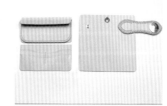

01

这是要组装在一起的缝上纸钞位的零钱袋、卡位和皮夹主体。

10

用万能打磨器的长柄按压针脚。

02

先把卡位放在主体上，轻轻标记安装位置。

03

按此方法，标记零钱袋的安装位置。

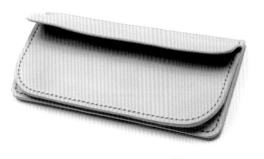

11

这是零钱袋与纸钞位缝在一起的样子。

04

参考印记，把主体以及各部件上的粘贴区域分别用打磨砂条磨毛糙。

05

在主体的粘贴区域涂抹白胶。

小贴士

在安装零钱袋的一侧确定皮线锁边的起始位置，并做标记。注意，起始位置在扣带的里侧。

06

在卡位的粘贴区域也涂抹白胶。

10

把零钱袋放在主体上，用圆锥标记皮线锁边的起始位置。

07

然后将卡位粘在主体上。

11

在主体的粘贴区域涂抹白胶。注意，图中约2cm长的红色块（皮线锁边的起始位置）不涂抹白胶。

08

一定要对齐边缘，确认位置无误。

12

在零钱袋的粘贴区域涂抹白胶。注意，与主体一样，皮线锁边的起始位置不涂抹白胶。

09

用万能打磨器的长柄按压粘贴区域，使其粘得更牢。

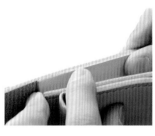

13

对准后将零钱袋粘在主体上。

14
用万能打磨器的长柄按压粘贴区域，使其粘得更牢。

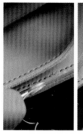

18
与零钱袋底片缝在一起的纸钞位的皮边，也应该削边。

小贴士

粘贴后，皮线锁边的起始位置的皮边必须是可以张开的。

15
用打磨砂条或三角研磨器修整粘贴好的皮边。

19
再次提醒，用打磨砂条轻轻打磨主体的皮边即可。

16
用打磨砂条轻轻修整主体的皮边，因为使用皮线锁边，所以不必用削边器削边。

17
零钱袋的皮边要用削边器削边。

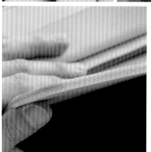

20
用打磨砂条打磨，使整个皮边看起来浑然一体，分层不明显。

主体

零钱袋

卡位

纸钞位

组合③

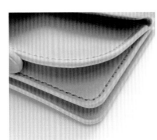

21

这是皮边修整好的样子。

23

给主体皮边涂抹床面处理剂，用帆布细细打磨。同时，一并打磨零钱袋和卡位的皮边。

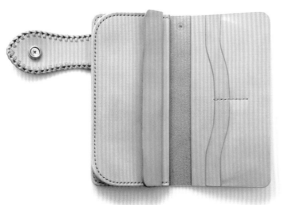

22

这是修整好所有皮边的样子。

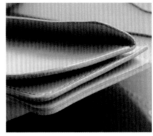

24

这是皮边打磨好的样子。

▼ **打出缝孔**

注意，缝孔绝不能打在有高度差的地方。

01

将间距规的间距设定为3mm，沿着主体粒面外缘画出锁边基准线。

02

用平錾在边角处压出缝孔印记。

要点

03

用1齿平錾对准印记打出两个缝孔。

04

在主体中央（卡位和零钱袋之间），用平錾调整间距，压出缝孔印记。

小贴士

从侧面确认缝孔印记避开了有高度差的地方（图中红线标示）。

05

然后对准印记打出缝孔。

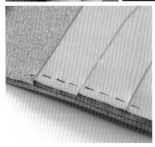

06

按此方法，避开有高度差的地方，沿着基准线打出缝孔。

07

一边调整间距一边打出缝孔，直到与边角处的缝孔连接起来。

08

在直线部分用3齿平錾打孔。

09

靠近边角时，换用1齿平錾边微调间距边打孔。

小贴士

打到被扣带遮住的部分时，要掀开扣带打孔。注意，平錾要始终垂直于皮革，避免缝孔出现歪斜、错位。

10

这是在主体表面打出缝孔的样子。

▼ 锁边缝合

用皮线缝合主体外缘时要注意，边角处的缝孔要重复绕线两次，使针脚匀称、美观。

小贴士

锁边要从没有粘贴的地方开始。先掀开扣带，从主体粒面将皮线针插入缝孔中。

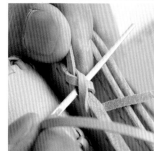

01

用双缠法开始锁边（第34～38页）。

02

注意，拉线的力度要均匀。

小贴士：给边角处锁边

皮线正常穿过边角处的第一个缝孔，按箭头指示，从粒面穿过皮边上方皮线交叉的位置。注意，皮线针要从皮边与皮线之间穿过。

皮线针再次从主体粒面穿过边角处的第一个缝孔。

这时，可以看到在前一个十字交叉上，又形成了一个十字交叉。

将出现在主体里侧的皮线针绕回来，从粒面穿过这个新的十字交叉，拉紧皮线。

按此方法，将皮线两次穿过边角的第二个缝孔。这样可以使边角的针脚密实，与旁边的针脚自然融合，更加均衡、美观。

03

处理完边角后，用双缠法继续锁边。

04

缝合至还剩最后一个缝孔时，暂停。

05

用皮线锥将开始缝合时预留的线头从线圈中挑出来。

06

这是线头从线圈中挑出来后的样子。

07

再用皮线锥从没有粘贴的两层皮革之间，将线头挑出来。

主体

零钱袋

卡位

纸钞位

组合3

179

08

然后将此线头剪短至10mm长。

12

将皮线针从主体粒面插入左手边最后形成的十字交叉处。

09

在线头前端涂抹万能胶。

13

拉紧皮线。

10

将线头塞入两层皮革之间。

14

将皮线针从上方再次插入线圈中（左上图），拉紧皮线（右上图）。这样，围绕主体一周的锁边缝合就结束了，用皮线锥调节针脚（左图）。

11

先让皮线针穿过皮边上方的皮线交叉处（左上图），再从主体粒面穿过下一个缝孔（右上图），然后穿过线圈（左图）。

15

将针脚调节匀称，拉紧皮线。

16

把皮线针从粒面插入最后一个缝孔（在步骤07中将线头从两层皮革之间挑出去而空出来的那个孔）。

小贴士

皮线针斜着穿过两层皮革之间，再从线圈中穿出来。

20

这是锁边完成的样子。

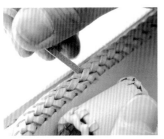

17

拉紧缝线。

18

尽量贴着针脚剪断皮线。

19

然后用木锤轻轻敲打针脚，使其匀称、美观。

STEP5
组合④

机车风格皮夹

（主体⑥）

零钱袋与纸钞位的简洁组合

　　本款皮夹没有单独的卡位，只有零钱袋与纸钞位，但是因为零钱袋上配有卡位、超薄式纸钞位上也有放卡片的空间，所以也能充分保证实用性。不过，本款皮夹是通过安装在主体与零钱袋上的四合扣来闭合的，所以不能装配零钱袋②（袋盖＋四合扣），因为这种款式的零钱袋无法在指定位置上安装四合扣。本书介绍的其他几款零钱袋都可以组装在这款机车风格皮夹上（纸型上有备注）。

工具	
● 圆锥	● 削边器
● 磨边棒	● 打磨砂条
● 菱錾	● 床面处理剂
● 菱锥	● 帆布
● 橡胶板	● 木锤
● 塑胶板	● 缝线 / 手缝针 / 线蜡
● 上胶片	● 间距规
● 白胶	● 棉棒
● 多功能挖槽器	● 剪刀
● 三角研磨器	

用其他部件满足放卡片的需求

因为本款皮夹没有单独的卡位，所以选择可以放卡片的零钱袋和纸钞位。本款皮夹使用的是带有卡位的零钱袋和超薄式纸钞位。

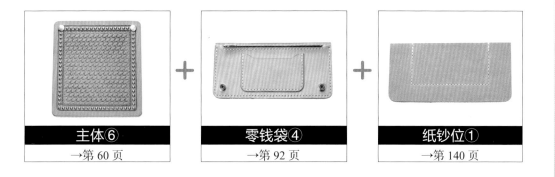

主体⑥
→第 60 页

零钱袋④
→第 92 页

纸钞位①
→第 140 页

部件集中于皮夹的一侧

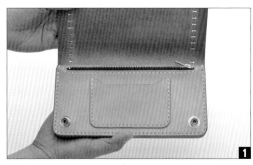

1

2

3

1 四合扣的母扣安装在零钱袋上。零钱袋的角必须是与主体一致的圆角。

2 带拉链的零钱袋可以确保安全。

3 纸钞位是超薄式的，中间缝合而成的空间能放卡片，最适合组装在没有卡位的机车风格皮夹上。

将超薄式纸钞位的两块皮革分别缝到零钱袋底片和主体上，就构成了两处存放纸钞的空间。首先缝合零钱袋与纸钞位，注意，只是零钱袋底片与纸钞位的一块皮革缝合，所以打出缝孔和缝合时，要利用橡胶板制造高度差，避免伤到零钱袋以及纸钞位的另一块皮革。

01
这是要粘在一起的纸钞位及零钱袋。

02
确认零钱袋底片和纸钞位皮革上的粘贴区域，用打磨砂条磨毛糙。

03
在两处粘贴区域均匀地涂抹白胶。

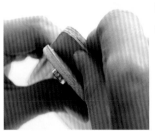

04
先粘贴边角处。

05
对齐边缘，一点点地小心粘贴，确保没有错位。

06
用磨边棒等工具按压粘贴区域，使其粘得更牢。

07
用三角研磨器或打磨砂条修整粘贴好的皮边。

小贴士
务必把皮边修整得整齐、平整。

08
用间距规在缝合区域的正面和背面画出缝合基准线。

09

用菱錾在缝合基准线上压出缝孔印记。

10

对准印记打出缝孔。注意，打孔时将橡胶板垫在零钱袋底片下方，用手扒开零钱袋，只在零钱袋底片上打孔。

小贴士

边角处用2齿菱錾沿逆时针方向打孔。

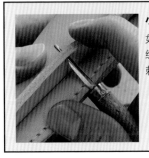

小贴士

如果菱錾没有穿透缝孔，可以用菱锥刺穿。

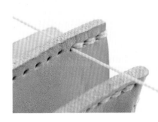

11

用聚酯线缝合时，头三针要用回缝法缝合，边缘处要绕边缝合。

12

缝合时，要扒开另一块纸钞位皮革和零钱袋，以免它们被缝针扎伤。

13

最后回缝两针，零钱袋底片一侧的缝针继续回缝一针，使两根缝针都在纸钞位一侧（左上图）。烧熔线头（右上图），用磨边棒按压针脚，调节针脚（左图）。

14

零钱袋底片与纸钞位的一块皮革缝合后形成了一处存放纸钞的空间，待纸钞位的另一块皮革缝到主体上后，会再形成一处。

15

这是纸钞位打开时的样子。

主体

零钱袋

卡位

纸钞位

组合④

因为没有组装单独的卡位，所以把缝上纸钞位的零钱袋缝到主体上之后，本款皮夹就基本完工了。

05

在主体的粘贴区域涂抹白胶。

01

这是主体和已经缝上纸钞位的零钱袋。

06

给零钱袋一侧的粘贴区域也抹上白胶。

要点

02

将零钱袋放在主体上，用圆锥标记安装位置。

07

将主体与零钱袋粘在一起。

03

将距离主体皮边约3mm 的粘贴区域磨毛糙。

08

再用磨边棒按压粘贴区域，使其粘得更牢。

04

把零钱袋一侧（纸钞位皮革）的粘贴区域也磨毛糙。

09

用三角研磨器或打磨砂条修整粘贴后的皮边。

10

这是皮边修整后的样子。

14

在主体肉面，用间距规在距离皮边3mm处画出缝合基准线。

要点

11

贴着零钱袋（纸钞位皮革）的皮边，用圆锥对准缝合基准点钻孔。另一侧也如此操作。

15

沿着线槽，边调整间距边用菱錾压出缝孔印记，然后打出缝孔。

12

让圆锥从主体粒面刺入孔中，继续用力，使孔扩大。

16

这就是打出缝孔的样子。

13

将挖槽器的间距设定为3mm，在主体粒面挖出线槽。

主体

零钱袋

卡位

纸钞位

组合④

17

因为使用的是聚酯线，头三针要用回缝法缝合，所以先用缝针穿过第4个缝孔。

22

剪断缝线，用打火机烧熔、固定线头。

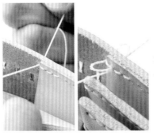

18

向着顶端缝合。可以看到有高度差的地方是用回缝法缝合的。

23

然后用磨边棒按压缝线，使其贴附在线槽中，让针脚匀称、美观。

19

回缝三针，回到起针的缝孔。

24

里侧的缝线也要用磨边棒按压。

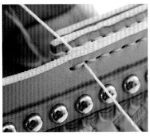

20

缝完最后一个缝孔后回缝。

21

回缝两针，主体粒面一侧的缝针还要继续回缝一针，这样两根缝针都位于主体里侧。

25

这样，本款皮夹就基本制作完成了。

▼ 修整皮边

　　最后修整皮夹的皮边。本款皮夹只在一侧组装了零钱袋和纸钞位，另一侧仅是主体皮革，但是由于打印花的需要，主体使用的是比较厚的皮革，所以即使没有缝合，依然要用削边器和打磨砂条修整皮边。

01

先用打磨砂条修整零钱袋一侧的主体皮边。

小贴士

修整纸钞位皮革的皮边时，用手指夹住比较容易操作。

02

把几层皮革的边角处捏在一起，一并修整。

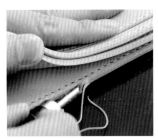

03

用削边器给缝合好的皮边削边。

04

没有缝合的另一侧主体皮边，也要用削边器削边。

05

再用打磨砂条修整。

小贴士

修整到四合扣附近的皮边时要小心，千万不要让打磨砂条碰到四合扣。

主体

零钱袋

卡位

纸钞位

组合④

06

这是修整好的零钱袋一侧的皮边。

这是主体一侧未经修整的皮边。

07

在皮边上涂抹床面处理剂。

08

用帆布细细打磨出光泽。

09

对比一下，最上边的是修整后的皮边。

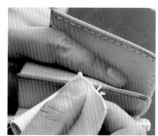

10

用帆布将所有皮边打磨出光泽。

11

用磨边棒打磨，皮边会更加光滑、富有光泽。

12

这就是制作完成的皮夹。

竖版和横版

　　长皮夹分为竖版和横版两种。大家要根据皮夹的版型和自己的使用习惯，决定零钱袋、卡位等部件的安装位置，不然皮夹用起来就不顺手。大家最好模拟组合，实际感受一下再决定怎么做。

部件的选择

　　零钱袋和卡位分别安装在皮夹主体两侧是最基本的设计，如果你有一个独立的零钱袋，也可以在主体两侧都安装卡位。而且，纸钞位通常安装在零钱袋一侧，当然也可以安装在卡位一侧，或者在主体两侧都安装。但是，有一点必须注意，那就是部件越多皮夹越厚。大家可以参考上述意见，自行选择部件。

STEP5

组合⑤

装饰扣皮夹

（主体⑤）

民族风与质朴的融合

　　本款皮夹外观极具个性，内部部件却都是朴实无华的款式。卡位简单实用，零钱袋上安装了闭合安全性高的扣带，还加装了麦迪逊风格的整体侧片。可以展开的4折整体侧片与可以调节长短的扣绳相得益彰。喜欢民族风的手工皮具爱好者可以选做这款简单易做、实用性强的装饰扣皮夹。

工具

- 圆锥
- 万能打磨器
- 菱錾
- 橡胶板
- 塑胶板
- 上胶片
- 白胶
- 削边器
- 打磨砂条
- 床面处理剂
- 棉棒
- 帆布
- 木锤
- 手缝针 / 缝线 / 线蜡
- 间距规
- 菱锥
- 多功能挖槽器
- 替刃式裁皮刀
- 手缝木夹
- 直尺
- 剪刀

扣绳适合闭合各种厚度的皮夹

扣绳闭合的方式适合各种厚度的皮夹。本款皮夹使用了轻薄的纵向 2 裂缝式卡位，但选择较厚的卡位也可以。纸钞位加装 4 折整体侧片，容量大大增加。零钱袋使用扣带式的，更加安全。

主体⑤
→第 52 页

零钱袋③
→第 85 页

卡位④
→第 136 页

纸钞位③（图为 4 折整体侧片）
→第 147 页

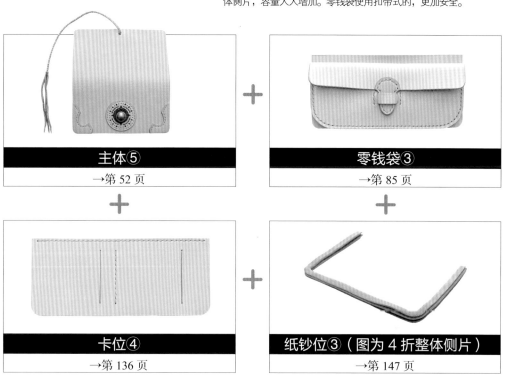

功能强大的内部部件

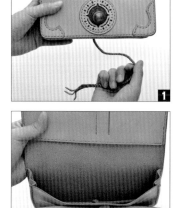

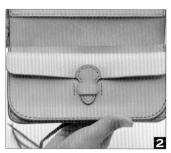

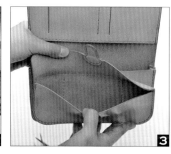

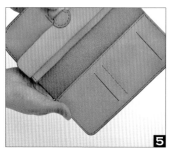

1 由三股皮绳编织而成的皮扣绳，可以环绕装饰扣两周，增强了皮夹的安全性。

2 零钱袋上不仅有袋盖，而且加装了扣带。

3 零钱袋的前后身之间没有侧片。

4 纸钞位加装一圈侧片，开口大，容量也大，实用性强。

5 纵向 2 裂缝式卡位制作简单。

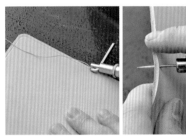

01

这是主体和已缝上侧片的零钱袋。

05

在基准点之间用挖槽器挖出线槽（左上图）。用圆锥对准基准点钻孔（右上图），并用菱錾打出缝孔（左图）。

02

用圆锥在距离主体侧边9mm处标记粘贴侧片的位置。侧片又厚又窄，可用纸型替代它叠放在主体上进行标记，或借助直尺标记。

06

给主体与侧片上的粘贴区域分别涂抹白胶。

03

然后参照标记，将主体上的粘贴区域磨毛糙。

07

将两部分粘起来。先粘中间，再粘边角，最后粘其他部分。用万能打磨器的长柄按压粘贴区域，使其粘得更牢。

04

在主体粒面标记缝合基准点。

08

用打磨砂条修整粘贴后的皮边。

09
用间距规在侧片上画出缝合基准线。

要点
10
用圆锥从主体粒面刺入缝孔，穿透侧片。注意，侧片上的孔一定要在缝合基准线上。

11
将主体和侧片一起固定在手缝木夹上进行缝合。开头和最后两针要用回缝法缝合。侧片较窄，不能用木锤敲打针脚，只能用万能打磨器的长柄按压。

12
这就是缝合完成的样子。

▼ 缝合卡位与主体

因为使用的是纵向2裂缝式卡位，卡位上不存在有高度差的地方，所以缝合起来比较容易。不过，需要注意的是，主体上有边角装饰的地方有高度差，这些地方要用回缝法缝合。

01
这是要缝在一起的卡位和主体。

02
先将卡位放在主体上，用圆锥标记安装位置。把卡位和主体上的粘贴区域都磨毛糙，并涂抹白胶。

03
对齐边缘，将两部分粘贴起来。

04

用万能打磨器的长柄按压粘贴区域，使其粘得更牢。

07

这是主体粒面上卡位一侧打好缝孔的样子。

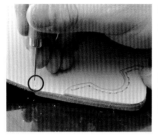

05

在主体粒面，对准卡位与主体重叠部分的边缘（即有高度差的地方），用圆锥标记出缝合基准点。

08

将主体和卡位一起固定在手缝木夹上进行缝合。注意，有高度差的地方要用回缝法缝合。

06

用挖槽器在主体粒面挖出线槽（左上图）。用圆锥对准标记钻孔（右上图）。有边角装饰皮的地方较厚，菱錾可能只能打进一半（左图）。

09

用万能打磨器的长柄按压针脚。

小贴士

边角有装饰皮的地方可以先用菱錾打孔，再用菱锥钻透缝孔。

10

这是卡位缝在主体上的样子。

196

▼ 修整皮边

最后修整皮边。一般先用削边器或打磨砂条修整，再涂上床面处理剂，然后打磨抛光，但是侧片部分比较难处理，一定要多加注意。最后的修整在很大程度上影响着皮夹成品的品相，务必要精修细磨。

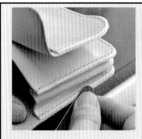

要点
05
削边之后，还要用打磨砂条进一步修整皮边。修整侧片的皮边时，一只手伸进纸钞位撑开侧片，以免误伤其他地方。

01
用打磨砂条把粘贴好的皮边打磨平整。

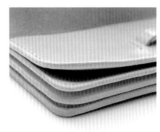

06
这是皮边修整后的样子。

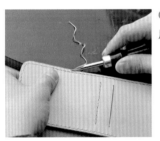

02
用削边器削边。

07
在皮边上涂抹床面处理剂。

03
一并修整零钱袋与纸钞位的皮边，用削边器削边。

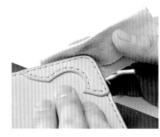

08
用帆布细细打磨出光泽。

04
边角处也要削边。

09
装饰扣皮夹就制作完成了。

主体

零钱袋

卡位

纸钞位

组合5

关于作者

日本皮艺社

日本皮艺社（Craft 社）经营范围甚广，出售的商品从皮革到制作工具应有尽有。本书使用的材料和工具，在其日本全国代理店和直营店都可以买到。

日本皮艺社　荻洼店
东京都杉井区 5-16-15
电话：03-3393-2229　传真：03-3393-2228
营业时间：11:00 ～ 19:00（第 2、4 个星期六 10:00 ～ 18:00）
休息日：每月单周的周末以及法定节假日
全国代理店介绍：http://www.craftsha.co.jp

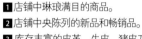

1 店铺中琳琅满目的商品。
2 店铺中央陈列的新品和畅销品。
3 库存丰富的皮革。牛皮、猪皮乃至高档的蜥蜴皮、蛇皮，应有尽有。
4 种类繁多的制作工具。
5 各种各样的染色剂、营养油等。
6 专业知识丰富的热情的店员。

日本皮艺学园

日本皮艺学园（Craft学园）
东京都杉井区 5-16-21
电话：03-3393-5599
传真：03-3393-2228
网址：http://www.craft-gakuen.net

本山知辉
日本皮艺社企划部的精英，设计才华横溢，作品富有个性，承担制作了本书中三款皮夹。

日本皮艺社下属的日本皮艺学园为手工皮具爱好者提供了丰富的课程，可以满足各类人群的需要，老师将针对个人情况进行一对一辅导。

制作高级皮夹

　　前面教给大家的是如何制作长款两折皮夹，接下来介绍长款三折皮夹和长款全拉链皮夹的制作方法。因为这两款皮夹的部件基本都是特别设计的，制作顺序也与两折皮夹有所区别，所以详细讲解一下制作过程。

高级皮夹①

长款三折皮夹

超强的收纳功能

　　用一块皮革折叠出前身、后身和包盖三部分，借助侧片将零钱袋、卡位和主体组合起来，这款皮夹就基本制作完成了。超大侧片大大增加了纸钞位的容量，使用起来更方便。只是与两折皮夹相比，这款三折皮夹的缝合难度加大了，不过大家按照讲解来做应该没有什么问题。

工具

- 圆锥
- 菱錾
- 替刃式裁皮刀
- 万能打磨器
- 橡胶板
- 塑胶板
- 上胶片
- 白胶
- 万能胶
- 削边器
- 打磨砂条
- 床面处理剂
- 四合扣专用安装模具
- 多功能挖槽器
- 万用底座
- 帆布
- 木锤
- 缝线 / 手缝针 / 线蜡
- 手缝木夹
- 夹子
- 直尺
- 间距规
- 剪刀
- 清水 / 海绵
- 菱锥
- 圆冲（10 号、15 号、30 号）
- 棉棒

收纳功能强大的部件

 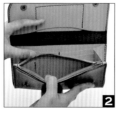 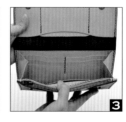 

1 用四合扣闭合皮夹。
2 零钱袋上装有拉链。
3 纸钞位加装侧片，容量超大，内侧（零钱袋后身）还有一个卡位。
4 袋盖里侧也有一个卡位。

本款皮夹使用了拉链款的零钱袋，在零钱袋后身上加装了一个卡位。如果想增加卡位，也可以将这一个卡位换成4卡位式或6卡位式的。

01

拉链

零钱袋主体

卡位

这是制作零钱袋的原料，也可以选择不装卡位。首先处理皮革的肉面。

02

依照纸型，用30号圆冲（直径9mm）在主体上安装拉链的开口两端打出圆孔，在圆孔之间连出两条线，并用裁皮刀切割。

03

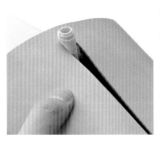

用打磨砂条修整开口的皮边，然后涂上床面处理剂并用帆布打磨。可以将帆布卷成条打磨开口两端。

要点

04

把拉链放在开口上，剪去多余的布带，用打火机烧熔布带两端，以免脱线。

05

将距离开口边缘约7mm的区域磨毛糙，涂上万能胶。

06

在拉链布带上相应的粘贴区域涂抹万能胶，将拉链粘在零钱袋上。

07

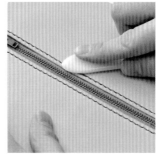

围绕开口一周画出缝合基准线，并打出缝孔（左上图），用平缝法缝合（右上图）。最后用万能打磨器的长柄按压针脚（左图）。

08

修整、打磨卡位的皮边。

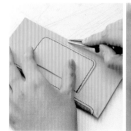

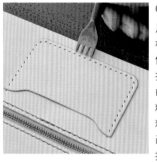

09

用圆锥在零钱袋上标记出卡位的安装位置（左上图）。把零钱袋及卡位上的粘贴区域磨毛糙，用白胶将两者粘起来（右上图）。画出缝合基准线并打出缝孔（左图）。

13

依照纸型，在零钱袋底边的两端标记缝合基准点，用间距规在基准点之间画出缝合基准线（左上图），打出缝孔（右上图），缝合底边（左图）。

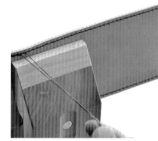

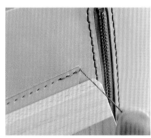

10

将粘上卡位的零钱袋固定在手缝木夹上，开始缝合。

14

用削边器削边，再用打磨砂条进一步修整。

11

将零钱袋肉面距离皮边约3mm的区域磨毛糙，并涂抹白胶。

15

在皮边上涂抹床面处理剂，并用帆布细细打磨出光泽。

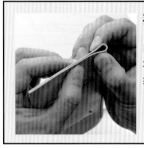

要点

12

以拉链为折叠线，将皮革对折，零钱袋就粘好了。

16

这样，零钱袋就做好了。两条侧边留待与皮夹主体缝合。

▼ 制作卡位

本款皮夹选择的是 6 卡位式卡位。注意，一定要确认卡位 A、B、C 粘贴及缝合的位置，不能出现错位。

01

先处理所有皮革的肉面。

小贴士

把距离卡位 A、B 底部约 10mm 的区域斜着削薄，减小厚度。

02

把所有皮革顶部的皮边修整完后，涂上床面处理剂，并打磨出光泽。

03

依照纸型，在卡位主体上标记卡位 A 的粘贴基准线。

04

把卡位 A 底部以及主体上相应的粘贴区域都磨毛糙，涂抹白胶。

05

然后把卡位 A 粘到主体上。

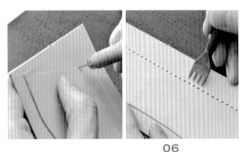

06

参照第 126 ~ 127 页步骤 09 ~ 12，将卡位 A 的底部缝在卡位主体上。

07

按此方法，将卡位 B 粘贴并缝在卡位主体上。

08

这是将卡位 A 和卡位 B 缝在卡位主体上的样子。

要点

09

接着粘贴卡位 C。把它放在主体上，底边对齐，侧边与卡位 A、B 的短侧边对齐，用圆锥在主体两侧标记卡位 C 的粘贴线。

10

将卡位 C 及主体上相应的粘贴区域都磨毛糙。

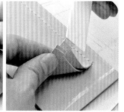

11

把卡位 A、B 的"衣袖"也磨毛糙，在卡位 A、B 及主体的粘贴区域涂抹白胶，将卡位 A、B 的"衣袖"及卡位 C 都粘在主体上。用万能打磨器的长柄按压粘贴区域，使其粘得更牢。

12

依照纸型，标记缝合基准点，并用圆锥对准缝合基准点钻孔，画出缝合基准线。

要点

13

沿着缝合基准线打出缝孔。注意，有高度差的地方要用圆锥钻孔。

14

因缝合距离较短，为了美观，要使用回缝法缝合。

15

接着要将三层卡位的侧边与主体缝在一起。先用圆锥标记出缝合基准点并钻孔，再画出缝合基准线。

16

沿着缝合基准线打出缝孔。

17

进行缝合。

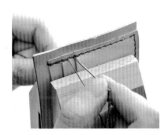

18

有高度差的地方及最后两针要用回缝法缝合。

19

修整、打磨缝好的底边。

20

这就是制作完成的卡位。

▼ 预处理主体

　　袋盖部分要贴上里皮，袋盖里皮上设计有一个卡位，也可以根据自己的喜好选择不装。注意，因为侧片是在皮革润湿的状态下压出折痕的，所以必须等皮革变干后才能进行下一步操作。本款皮夹采用四合扣闭合，公扣和母扣分别安装在皮夹的前身和袋盖里皮上。

袋盖里皮

侧片（2片）

卡位

主体

01

这是要组装在一起的袋盖里皮、侧片、卡位以及主体。

要点

02

侧片的肉面及顶部和底部的皮边必须提前处理好。

03

海绵蘸水润湿侧片的粒面（左上图），依照纸型画出折叠线（右上图）。然后纵向折叠侧片，并用万能打磨器的长柄用力压出折痕（左图）。

04

然后将折好的侧片放在一边，等待皮革变干。

08

处理袋盖里皮顶部的皮边。

05

处理主体、卡位及袋盖里皮的肉面。

要点
09

依照纸型，在袋盖里皮上标记卡位的粘贴线。

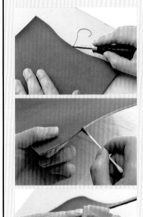

要点
06

把主体前身的皮边染成主体的颜色。先用削边器削边，再用打磨砂条打磨（左上图），然后用棉棒涂上染色剂（左中图）。最后涂上床面处理剂，并用帆布打磨出光泽（左下图）。

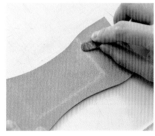

10

然后把粘贴线内侧约3mm的区域磨毛糙。

11

把卡位上相应的粘贴区域也磨毛糙，并在袋盖里皮和卡位的粘贴区域涂抹白胶。

07

再处理卡位顶部的皮边。

12

把卡位粘贴在袋盖里皮上，用万能打磨器的长柄按压粘贴区域，使其粘得更牢。

13
依照纸型，标记缝合基准点，用圆锥对准基准点钻孔。在基准点之间画出缝合基准线，打出缝孔。

要点
14
将粘上卡位的袋盖里皮固定在手缝木夹上，开始缝合。头三针要用回缝法缝合，缝针先穿过第4个缝孔，向着卡位顶部缝合，再向下回缝。

安装四合扣

01
四合扣的母扣安装在袋盖里皮上，所以要用顶部平坦的内用型表扣。

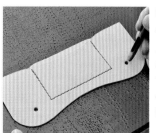

02
依照纸型，在袋盖里皮上标记母扣的安装位置，用15号圆冲（直径4.5mm）打出安装孔。

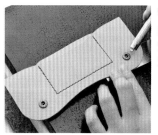

03
然后用四合扣专用安装模具安装并固定母扣。

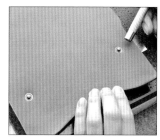

04
用10号圆冲（直径3mm）在主体前身上打出安装孔，用四合扣专用安装模具安装并固定公扣。

05
这是袋盖里皮上缝上卡位并装上母扣的样子。

06
这是在主体上安装好公扣的样子。

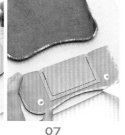

07
把袋盖里皮放在主体肉面，用圆锥标记粘贴区域（左上图），把主体和袋盖里皮上的粘贴区域都磨毛糙，涂抹白胶（右上图），将两者粘在一起。

要点

08
贴着袋盖里皮顶部的皮边,用圆锥对准主体上的缝合基准点钻孔。

09
用挖槽器在主体粒面挖出缝合袋盖里皮的线槽。

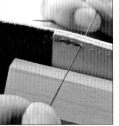

10
再沿线槽打出缝孔(左上图)。将主体固定在手缝木夹上,头三针用回缝法缝合(右上图),最后回缝两针,粒面一侧的缝针继续回缝一针,使两根缝针位于袋盖里皮一侧(左图)。剪断缝线,固定线头。

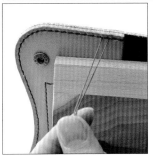

11
用削边器削边。

12
用打磨砂条进一步修整皮边。

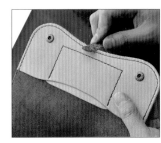

13
这是修整好的皮边(左上图)。用棉棒给皮边涂抹染色剂(右上图),并用帆布打磨抛光(左图)。

14
这是染好色剂之后的皮边。

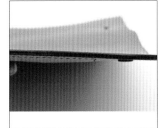

15
这是主体现在的样子。接着要把其他部分缝到主体上。

▼ 组合

现在将之前分别制作的各部分组合起来。零钱袋缝在皮夹的前身上，卡位缝在皮夹的后身上，侧片的一侧与零钱袋缝在一起，另一侧与卡位缝在一起，形成纸钞位。

零钱袋

卡位 　主体

侧片（2片）

01
准备好各部分，检查一下有无未处理的皮边。

02
依照纸型，用圆锥对准零钱袋上的基准点钻孔。

小贴士
零钱袋与主体贴合起来后，步骤02钻出的孔应该位于前身顶部皮边之上。

03
将零钱袋放在主体上，用圆锥标记粘贴位置。

04
把主体上的粘贴区域磨毛糙。

05
把零钱袋上的粘贴区域磨毛糙。注意，零钱袋后身上粘贴侧片的区域也要磨毛糙。

06
给主体和零钱袋上的粘贴区域都涂抹白胶。

07
对准后将零钱袋与主体粘在一起。

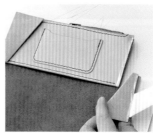

08
然后把两片侧片粘到零钱袋后身上。注意，是将侧片较小的那一部分粘在后身上。

09

用万能打磨器的长柄按压粘贴区域，使其粘得更牢。

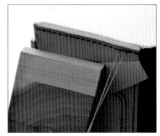

14

最后回缝两针，主体粒面一侧的缝针要继续回缝一针，使两根缝针都位于侧片一侧。

要点

10

贴着零钱袋底部的皮边，在主体上距离侧边3mm处用圆锥钻孔。

15

用削边器以及打磨砂条修整缝合好的皮边。

11

在刚刚钻出的孔与步骤02钻出的孔之间，用挖槽器挖出线槽。

16

把皮边染成与主体相同的颜色。

12

沿着线槽用菱錾打出缝孔。

17

在皮边上涂抹床面处理剂，用帆布细细打磨。

13

缝合主体、零钱袋和侧片。头三针及有高度差的地方要用回缝法缝合。注意，在步骤02中钻出的孔也要用缝线穿过。

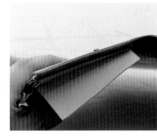

18

按同样的方法修饰另一侧的皮边。

19

这是主体现在的样子。此时，零钱袋是反向的，将它向上折起并装上侧片后，将形成大容量的纸钞位。

24

折叠零钱袋，将侧片与卡位粘在一起。

20

依照纸型，标出卡位的安装位置。

25

用万能打磨器的长柄按压粘贴区域，使其粘得更牢。

21

在主体和卡位的粘贴区域都涂抹白胶。

26

要用力按压折叠区域，加深折痕。

22

对齐边缘，将卡位粘到主体上。

小贴士

用夹子夹住侧片与卡位的粘贴区域，一直到白胶变干。

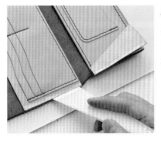

23

在侧片和卡位相应的粘贴区域分别涂抹白胶。

27

侧片和卡位粘牢以后，把间距规的间距设定为3mm，在侧片上画出缝合基准线。

要点

28
紧贴卡位与主体重
叠部分的边缘,用
圆锥在距离侧边
3mm处钻孔。

29
用圆锥从粒面刺入
孔中,继续用力,
使孔扩大。

30
在上一步钻出的两
个孔之间,用挖槽
器在主体粒面挖出
线槽,用菱錾打出
缝孔。另一侧也如
此操作。

31
由于三层皮革重叠
在一起,侧片一侧
的缝孔可能不太清
晰,最好用菱锥从
主体粒面逐个刺穿
缝孔,这样缝合后
的针脚才更美观。

32
这是从侧片一侧看
到的缝孔。

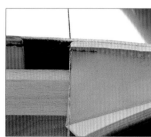

33
将主体固定在手缝
木夹上,头三针以
及有高度差的地方
要用回缝法缝合。
注意,缝线要穿过
在步骤28中钻出
的孔。

34
缝好后,剪断缝线,
固定线头。

35
用削边器和打磨
砂条修整缝合后
的皮边。

36
将修整后的皮边染
成与主体同样的颜
色,涂上床面处理
剂,并用帆布细细
打磨。

37
这款皮夹就制作完
成了。

长款全拉链皮夹

超大容量、全拉链、安全性高

如果你想制作一款大容量的皮夹，这款全拉链皮夹非常合适。拉开拉链，带拉链的零钱袋位于中央，加装了侧片的超大纸钞位分居零钱袋两侧，皮夹的前、后壁各有 6 个卡位。制作这款皮夹时要先将内部各部件组合为一体，再一并缝到主体上。各部件的制作方法与其他款式的皮夹一样，只是组合顺序发生了较大改变，制作时一定要注意。

工具

- 圆锥
- 万能打磨器
- 菱錾
- 菱锥
- 橡胶板
- 塑胶板
- 上胶片
- 白胶
- 万能胶
- 棉棒
- 手缝木夹
- 削边器
- 打磨砂条
- 床面处理剂
- 帆布
- 木锤
- 缝线 / 手缝针 / 线蜡
- 间距规
- 替刃式裁皮刀
- 玻璃板
- 剪刀

收纳功能强大

1 拉开拉链，收纳功能强大的内部部件一览无余。

2 超大侧片，方便取放纸钞。皮夹的前、后壁各有 6 个卡位，一共 12 个。

3 中央是拉链式大容量零钱袋。

▼ 制作主体

这款皮夹的主体表皮使用了高档鳄鱼皮，但制作方法与使用牛皮、马臀皮等并没有区别。贴里皮时一定要在折起的状态下粘贴，而且要先把没有任何内部部件的中央部分（弯折区域）缝合起来，4 个针脚都要用回缝法缝合。

05
再把中央部分折成90°，一点点地小心粘贴其余部分。

01
先把主体表皮和主体里皮粘在一起。主体表皮使用鳄鱼皮，里皮比表皮大一圈，使用 1mm 厚的植鞣牛皮。

06
全部粘好后，用玻璃板用力刮压粘贴区域，赶出皮层间的气泡，使其粘得更牢。

02
因为粘贴面积太大，要提前用水喷湿皮革肉面，以免操作时间过长，导致白胶变干，失去黏性。

07
压紧皮革，裁去多余的里皮。

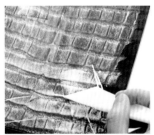

03
在主体表皮和里皮的肉面均匀涂抹一层白胶。

08
用打磨砂条轻轻打磨外侧皮边。

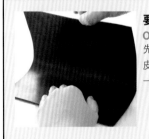

要点
04
先将主体表皮和里皮的一小部分粘在一起。

09
修整里侧皮边。

10

在皮边上涂抹床面处理剂，用帆布打磨出光泽。

11

将纸型覆盖在主体上，标记出缝合基准点。

12

在中央部分的基准点之间连出缝合基准线。

13

在缝合基准线上压出缝孔印记。

14

对准印记，用菱錾打出缝孔。

15

缝合中央部分。注意，4个针脚都要用回缝法缝合。

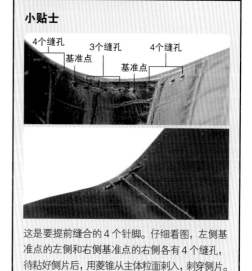

小贴士

4个缝孔　3个缝孔　4个缝孔
基准点　　基准点

这是要提前缝合的4个针脚。仔细看图，左侧基准点的左侧和右侧基准点的右侧各有4个缝孔，待粘好侧片后，用菱锥从主体粒面刺入，刺穿侧片。

16

这是主体制作完成的样子。

这一阶段不是要制作一个完整的零钱袋，而是要把拉链安装在零钱袋主体上。最后，要以拉链为折叠线对折零钱袋主体，再分别与卡位和侧片缝合，所以此时还不能进行缝合。注意，拉链的位置不可以弄错。

小贴士

把帆布卷成条，插入安装拉链的开口两端，能够打磨得更彻底。

01

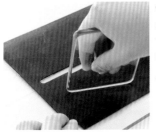

在零钱袋主体的肉面涂抹床面处理剂，并用玻璃板打磨光滑。

04

在零钱袋主体的肉面，把距离开口处皮边约7mm的区域磨毛糙。

02

零钱袋主体使用1mm厚的皮革，拉链使用16cm长的。图中红线标示处即要提前处理好的皮边。

05

剪去多余的布带。

03 修整、打磨皮边，不要遗漏了步骤02图中的4个角。

06

用打火机烧熔布带两端，以免脱线。

小贴士

把零钱袋主体图中标示的皮边（红色区域）斜着削薄。

07

在距离布带边缘约7mm的区域涂上万能胶。

08

在开口处的粘贴区域也涂抹万能胶。

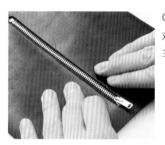

09

对准后把拉链粘到主体上。

10

在距离开口皮边约3mm处画出缝合基准线，打出缝孔（左上图）。将零钱袋主体固定在手缝木夹上缝合（右上图）。再用万能打磨器的长柄按压针脚（左图）。

11

这是安装上拉链的样子。零钱袋的制作暂告一段落。

▼ 制作卡位

皮夹主体的前后身上各要装一个6卡位式卡位，所以必须制作两个同款的卡位。卡位的周边以后要与零钱袋及侧片一起缝合，这个阶段只需缝合卡位中部，形成隔断。

01

卡位A、B、C都使用1mm厚的皮革，左图只是制作一个卡位部件的原料。

卡位A
卡位B
卡位C
卡位主体

02

先处理各部分的肉面，修整必须提前处理好的皮边（见下一步）。

小贴士

把距离卡位A、B底边约10mm的区域削薄，以减小厚度。

03

红线标示处即要提前处理好的皮边。

04

根据纸型，确定卡位 A、B 的粘贴位置，用圆锥画出粘贴基准线。

05

把基准线上方（朝卡位顶部那侧）约 3mm 的粘贴区域磨毛糙。

06

给粘贴区域涂抹白胶，把卡位 A 粘到卡位主体上。

07

把间距规的间距设定为 3mm，在卡位 A 的底部画出缝合基准线。

08

如图，用圆锥对准缝合基准点钻孔。

09

沿着缝合基准线打出缝孔。

小贴士

将粘上卡位 A 的卡位主体固定在手缝木夹上开始缝合。注意，卡位底部要用细线缝合。

10

按照同样的方法粘贴卡位 B。

11

然后在卡位主体上标记卡位 A、B 侧边的粘贴区域，并磨毛糙。

12

然后在卡位 A、B 的"衣袖"上涂抹白胶。

13

在步骤 11 磨毛糙的粘贴区域以及卡位 C 的粘贴区域涂抹白胶。

14

然后把卡位 A、B 的"衣袖"和卡位 C 粘到卡位主体上，并用万能打磨器按压紧实。

15

把纸型覆盖在卡位上，并用圆锥标记中央隔断的缝合基准点。

16

在基准点之间画出缝合基准线。

17

用圆锥从粒面刺穿基准点，继续用力，使孔扩大。

要点

18

打出缝孔，注意避开有高度差的地方。

19

中央隔断要用回缝法缝合。

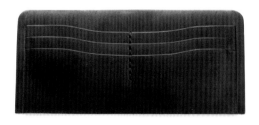

20

这是卡位制作完成的样子。另一个卡位也按同样的方法制作。

▼ 处理侧片

侧片安装在零钱袋与卡位之间，两侧共需4片侧片。注意，侧片并不是对折的，粘在卡位上的那部分要比粘在零钱袋上的那部分宽5mm。另外，裁切其中两片侧片时，要把纸型翻转过来覆盖在皮革上进行裁切。

小贴士

红线标示的就是要提前处理好的皮边。

01

4片侧片都要使用1mm厚的皮革。

02

在侧片的肉面涂抹床面处理剂，并用玻璃板打磨光滑。

03

用打磨砂条修整顶部和底部的皮边。

04

在两侧的皮边上涂抹床面处理剂，并用帆布打磨出光泽。

05

用海绵蘸少许清水，润湿侧片粒面。

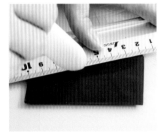

06

然后依照纸型，标记折叠位置，画出折叠线。

07

按照折叠线，肉面朝外折叠侧片。

08

这是折叠后的侧片，待皮革变干后再进行下一步操作。

▼ 缝合卡位、零钱袋及侧片

以零钱袋为中心，在两侧都缝上卡位和侧片。零钱袋与卡位缝合后，以拉链为折叠线对折，先把零钱袋的底边缝合起来，再在侧边缝上侧片。注意，侧片比较窄小的一部分要缝在零钱袋上，千万不要搞混了。

要点

05
把零钱袋上距离底边约7mm的区域用打磨砂条磨毛糙。

01
这就是要缝在一起的卡位、零钱袋和侧片。

06
把距离卡位底边约7mm的区域也磨毛糙。在零钱袋和卡位上磨毛糙的区域都涂抹白胶。

02
卡位的底边要和零钱袋缝合起来，所以要先进行处理。

07
粘贴时，要让零钱袋的底部在下，卡位的底部在上。用万能打磨器的长柄按压粘贴区域，使其粘得更牢。

03
用削边器削边，再用打磨砂条进一步打磨。

08
把间距规的间距设定为3mm，在卡位的底部和侧面画出缝合基准线。

04
在皮边上涂抹床面处理剂，用帆布打磨出光泽。

09
用圆锥对准底部和侧面缝合基准线的交点钻出圆孔。

要点

10

如图，用圆锥对准缝合基准线上有高度差的地方钻孔。

11

沿着缝合基准线打出缝孔。

12

缝合卡位与零钱袋。每个有高度差的地方都要用回缝法缝合(上面两幅图)。缝完后，用木锤敲打针脚(左图)。

13

这是零钱袋和卡位缝在一起的样子。

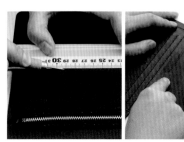

14

画出零钱袋底部的粘贴基准线（左上图），然后把基准线内侧及两侧皮边内侧约3mm 的粘贴区域磨毛糙（右上图），并涂抹白胶（左图）。

15

以拉链为折叠线对折零钱袋，把零钱袋的底部和侧面粘起来。

16

用万能打磨器的长柄按压粘贴区域，使其粘得更牢。

17

依照纸型，标记零钱袋底部的缝合基准点，并画出缝合基准线。

18

沿着缝合基准线打出缝孔。两端用圆锥钻孔，其余部分用菱錾打出缝孔。

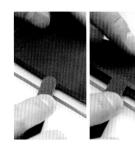

21

把距离零钱袋侧边约3mm的粘贴区域及侧片上相应的粘贴区域磨毛糙。

22

在步骤21中磨毛糙的粘贴区域涂抹白胶。

19

将零钱袋固定在手缝木夹上，用平缝法缝合。

20

用万能打磨器的长柄按压针脚，使其匀称、美观。

23

对准位置把侧片粘到零钱袋上。

24

按此方法，在零钱袋的同一端粘贴另一片侧片。

小贴士

把侧片比较窄的那一侧贴在零钱袋上。注意，千万不要弄错。

小贴士

这是零钱袋的一端粘上两片侧片的样子。按此方法，把零钱袋另一端的两片侧片也粘好。

223

25

用万能打磨器的长柄按压粘贴区域，使其粘得更牢（左上图）。用打磨砂条修整粘贴好的皮边（右上图）。在侧片上画出缝合基准线，并打出缝孔（左图）。

26

这是在侧片上打出缝孔的样子。然后按同样的方法，在另一端的侧片上打出缝孔。

27

将零钱袋固定在手缝木夹上，开始缝合。因为使用的是聚酯线，所以头三针要用回缝法缝合，边缘处要绕边缝合。

28

缝合到最后，边缘处要绕边缝合，再回缝两针。

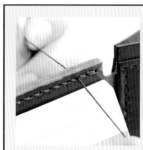

小贴士

使用聚酯线时，通常是两根缝针出现在同一侧后再处理线头。注意，这次是在两根缝针分居皮革两侧的状态下处理线头。

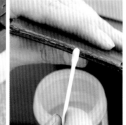

29

先用削边器削边（左上图），再涂上床面处理剂（右上图），最后用万能打磨器打磨出光泽（左图）。

30

这是修整好的皮边。

31

这是组合好的内部部件。

▼ 安装外围拉链

本款皮夹的亮点就在于外围的拉链。接下来要把拉链安装到组合好的内部部件上。开始安装时，一定要将拉链的中点对准内部部件组合体的中点。此外，安装到拐角处时，也要多加注意，小心操作。

01

在此阶段要把长40cm、宽3cm的拉链安装在组合好的内部部件上。

02

把内部部件组合体折叠起来，零钱袋在中间，两侧是卡位，零钱袋与卡位之间夹着侧片。拉链要围绕卡位进行安装。

03

把间距规的间距设定为7mm，在两侧卡位的背面画出拉链的安装基准线。

04

然后把安装基准线与皮边之间的区域磨毛糙。

要点
05

在拉链布带的背面涂上万能胶。

06

接下来在步骤04中磨毛糙的区域涂上万能胶。

要点
07

在拉链的中点和零钱袋拉链的中点上做标记，这是安装拉链的基准点。

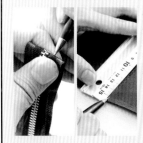

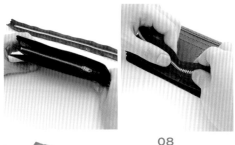

08

外围拉链的开合方向要与零钱袋拉链的开合方向一致。确认方向无误后，按照上一步的标记粘贴。

小贴士
使之前在步骤07中标记的两个中点重合，从中间开始粘贴。

09
粘贴时要把布带拉展，不能出现褶皱。对准中点后，拉开拉链，先粘贴一侧的布带。

10
拐角处布带上会出现凸起（左上图），用圆锥从中间压下去，左右各出现一个小褶皱（右上图）。把压下去的部分粘在皮革上，再把两个小褶皱压扁（左图）。

11
这是拉链粘贴到底部时的样子。

12
按同样的方法，粘贴另一侧布带。粘好后，闭合拉链。

13
把拉链的末端折起来粘在皮边上。注意，拐角处依然按照步骤10的方法粘贴。

14
按此方法，处理布带的另一端。

15
安装拉链后，这款全拉链皮夹就基本成形了。

▼ 缝合主体与内部部件

把主体与组合好的内部部件缝合起来，本款皮夹就全部完工了。主体的皮边已经修整好，可以直接进行缝合。侧片上不能彻底展开的部分无法用菱錾打出缝孔，这时，可以把菱锥插入主体上事先打出的缝孔中，刺穿侧片。

01
这是要缝在一起的主体和组合好的内部部件。

要点
02
把间距规的间距设定为 7mm，在主体里侧边缘画出粘贴基准线（左上图）。把基准线与皮边间的区域磨毛糙（右上图）。注意，缝好的部分不能磨毛糙（左图）。

4个缝孔　　4个缝孔
不磨毛糙

03
在主体的粘贴区域涂抹白胶。

04
在距离拉链布带边缘约 7mm 的区域抹上白胶。

要点
05
再把圆锥插入弯折处两侧的缝孔（左图）。圆锥要紧贴着卡位底部的皮边穿出来（右图）。

06
对准后，把主体与内部部件组合体粘起来。

07
然后用万能打磨器的长柄从里侧按压粘贴区域，使其粘得更牢。

08
挨着侧片顶部的皮边，用圆锥对准缝合基准点钻孔。

要点

13

打到侧片较难展开的部分时，将菱锥刺入主体正面已经打好的缝孔中，刺穿侧片。

09

把卡位与侧片的粘贴区域磨毛糙，并涂抹白胶。

14

头三针要用回缝法缝合，先将缝针插入弯折处的第三个缝孔中。

10

将两部分粘起来。

15

缝到底部后，回缝三针。此时，可以看到卡位和侧片底部是绕边缝合的。

11

把间距规的间距设定为 3mm，然后在侧片上画出缝合基准线。

16

侧片顶部也要双线绕边缝合。

12

在主体上也画出缝合基准线，并打出缝孔。

17

一直缝到另一端弯折处的基准点。

18

从这个基准点回缝两针，主体粒面一侧的缝针还要继续回缝一针，使两根缝针都位于主体里侧。剪断缝线，固定线头。

19

把对侧侧片的粘贴区域磨毛糙。

20

将圆锥从主体正面刺入弯折处的基准点，紧贴着卡位底部的皮边穿到主体里侧。

21

把侧片和卡位粘贴起来。

要点

22

用菱錾打出缝孔，侧片较难展开的部分用菱锥钻出缝孔。

23

与缝合对侧侧片时一样，头三针要用回缝法缝合，卡位的底部要双线绕边缝合。

24

缝合结束时，在主体里侧剪断缝线，固定线头。

25

用万能打磨器的长柄按压针脚，使其匀称、美观。按到主体表面时，注意把握力度。

26

这是制作完成的皮夹。

至此，本书也就完结了，希望大家能够参考本书制作出独一无二的长皮夹，享受手工制作皮夹的乐趣。

著作权合同登记号　图字：01-2016-7394

图书在版编目（CIP）数据

手工长皮夹全书 / 日本高桥创新出版工房编著；日本皮艺社（Craft 社）审订；胡环译. —北京：北京科学技术出版社，2018.5

ISBN 978-7-5304-9435-6

Ⅰ.①手… Ⅱ.①日… ②日… ③胡… Ⅲ.①皮革制品 – 制作 Ⅳ.① TS563.4

中国版本图书馆 CIP 数据核字 (2018) 第 022243 号

手工长皮夹全书

作　　者：日本高桥创新出版工房		审　　订：日本皮艺社（Craft 社）	
译　　者：胡　环			
策划编辑：李雪晖		责任编辑：原　娟	
责任印制：张　良		图文制作：北京欧美尼图文技术有限公司	
出 版 人：曾庆宇		出版发行：北京科学技术出版社	
社　　址：北京西直门南大街 16 号		邮　　编：100035	
电话传真：0086-10-66135495（总编室）		0086-10-66113227（发行部）	
0086-10-66161952（发行部传真）			
电子信箱：bjkj@bjkjpress.com		网　　址：www.bkydw.cn	
经　　销：新华书店		印　　刷：北京印匠彩色印刷有限公司	
开　　本：720mm×1000mm　1/16		印　　张：14.5	
版　　次：2018 年 5 月第 1 版		印　　次：2018 年 5 月第 1 次印刷	
ISBN 978-7-5304-9435-6 / T・949			

定价：79.00 元